扬州城市绿地景观特色风貌资源整合

RESOURCE INTEGRATION OF CHARACTERISTIC AND
IMAGE IN YANGZHOU GREEN SPACE LANDSCAPE

谷　康　　苏同向　　丁彦芬
潘　翔　　朱春艳　　贾文倩　　等◎编著

U0397393

东南大学出版社·南京

前　言

　　城市绿地是城市历史文脉和精神风貌的重要承载体。伴随着城市建设的高潮,众多城市积极开展绿地建设,众多学者对城市绿地特色进行了理论实践研究。设计师根据不同城市的自然生态环境,将民俗风情、传统文化、宗教、历史文物等融合在绿地中,营造出各种不同风格的城市绿地景观,使城市更富文化品位。

　　扬州市作为历史文化名城,具有丰富的自然地貌、适宜的气候条件、深厚的历史地方文化特色、良好的城市绿地骨架和园林绿地基础。扬州园林自古以"甲天下"著称,始于汉初王室苑囿,唐代私家园林兴盛一时,清代扬州园林更是盛况空前、影响深远,全城大小园林达百余处。扬州城市的绿地特色与社会生活和历史环境息息相关,它蕴含着人与社会的内在素质,反映了人类文明的历史积淀。因此,在风景园林学科相关理论知识的指导下,研究扬州城市绿地特色,结合绿地系统规划来分析如何体现城市绿地特色,具有十分重要的现实意义。近年来,南京林业大学深入研究了通过绿地系统规划突显城市特色这一课题。具体过程为对特色资源进行梳理整合之后,从两个方面应用到绿地系统规划布局中:一是特色资源在绿地系统布局结构层面的体现,即从宏观方面入手,对特色资源作整体的、全局的调控,使之成为城市的特色骨骼框架;二是公园绿地规划中特色资源的分级整合问题。本书通过对相关理论研究的总结和梳理,在当前研究成果的基础上,结合实践课题成果,从不同的角度全面系统地分析了扬州城市特色的内涵,并详细阐述如何通过绿地系统规划相关措施将城市特色资源融入城市绿地布局中,使扬州城市绿地形成合理的结构及优良的生态环境,充分突显扬州城市绿地风貌,形成具有扬州地方特色的城市绿地系统。

　　本书基于相关理论研究成果,结合编者近期实践课题研究,通过归纳、整理而成。首先对国内外绿地特色规划相关研究及面临的问题进行了梳理,对城市绿地特色的特征、绿地空间构成、绿地空间特色认知进行了深入解读分析,整理了相关的研究方法及途径;其次通过实践调查及资料收集整理,对扬州市的城市绿地的特色资源进行了分析总结。在此基础之上,结合相关实践课题,从市域、规划区、主城区三个层次探讨扬州城市绿地布局特色的体现,指导具体的规划设计,旨在突显强化扬州市的城市绿地特色,彰显其悠久的历史文化及丰富的景观、人文特色。希望本书中对扬州城市绿地特色的研究能对本领域相关研究的深化及发展起到一定的积极作用，希望吸引更多专家学者关注、加入绿地特色的研究，逐步完善相关理论、实践体系，进一步推动城市绿地特色的建设和发展。

在本书出版之际，在此衷心感谢我的同事苏同向老师、丁彦芬老师，四川农业大学潘翔老师、朱春艳老师，以及扬州市住房和城乡建设局贾文倩同志的辛勤付出；感谢南京林业大学风景园林学院城市规划与设计硕士研究生王志楠、风景园林专业学位硕士研究生吉琳，本书的一部分材料源自他们撰写的硕士学位论文。成书过程中，南京林业大学风景园林学院风景园林专业学位硕士研究生彭钰、邹宇扬、赵凌霄、梁冰等同学不辞劳苦，收集、整理相关资料，在此表示深深的谢意，感谢他们对于本书付出的辛勤工作。另外，我要感谢课题合作伙伴们以及学生们，感谢他们对我的支持和帮助。

最后，感谢本书引用文献的作者们，是他们的研究拓宽了我的视野，本书的完成与他们的研究成果是分不开的。此外还要衷心感谢东南大学出版社的编辑及相关工作人员为本书顺利出版所付出的努力。

本书中所引用的相关研究成果和资料，如涉及版权问题，请与著者联系。

望读者批评指正，以便今后进一步修改补充！

著者

2018 年 10 月

目 录

图片目录

目录中未注来源的图表为作者自制。

表格目录

1 国内外绿地特色规划研究概况

1.1 相关概念

1.1.1 绿地

关于"绿地",《辞海》的解释为:"配合环境,创造自然条件,使之适合于种植乔木、灌木和草本植物而形成的一定范围的绿化地面或区域,供公共使用的有公园、街道绿地、林荫道等公共绿地;供集体使用的有附设于工厂、学校、医院、幼儿园等内部的专用绿地和住宅绿地"。或是:"凡是生长着植物的土地,不论是自然植被或是人工栽植的,包括农林牧生产用地及园林用地,均可称为绿地"。

在建筑学、城市规划和风景园林中,"绿地"的概念是指:在城市规划用地的区域内,具有改善与保持生态环境,美化市容市貌,提供休闲游憩场地,或具有卫生、安全防护等各种功能,种植有绿色植物的区域。按照这一定义,则绿地包括了城市区域内的各类公园、各种游憩地、公共建筑及宅旁绿地、道路交通绿地、各企事业单位内的专用绿地、城市卫生防护林地以及苗圃、花圃等。城市规划区域以外的农、林、牧业的生产用地,自然保护区等不属于绿地的范畴。

李敏根据"大地园林化"的理念,在《城市绿地系统与人居环境规划》一书中提出,"生态绿地系统,是人居环境中发挥生态平衡功能,与人类生活密切相关的绿色空间,及规划上常称之为'绿地'的空间"。"生态绿地系统"包括农业绿地、林业绿地、环保绿地、水域绿地等。

我们可以看到绿地的概念有广义、狭义之分。广义的绿地涵盖了所有的生长着绿色植物的地域,狭义的绿地则仅指城市规划用地范围内的绿化用地。在当前日趋恶化的城市生态环境问题面前,我们单纯地以狭义上的城市绿地的概念来解释是不可能的,而广义的绿地概念所涵盖的内容也太过于宽泛,难以进行严密的讨论分析。

基于以上对绿地的理解,我们认为城市绿地包含两个层次的内容:一是城市建设用地范围内用于绿化的土地;二是城市建设用地之外,对城市生态、景观和居民休闲生活具有积极作用,绿化环境较好的区域。这个概念建立在充分认识绿地生态功能、使用功能和美化功能,城市发展与环境建设互动关系的基础上,是对绿地的一种广义的理解,有利于建立科学的城市绿地系统。

1.1.2 城市绿地特色

什么是特色?吴良镛先生指出:"特色是生活的反映,特色有地域的分别,特色是历史的构成,特色是文化的积淀,特色是民族的凝结,特色是一定时间地点条件下典型事物的最集中最典型的表现,因此它能引起人们不同的感受,心灵上的共鸣,感情上的陶醉。"

城市绿地特色与社会生活和历史环境息息相关,它蕴含着人及社会的内在素质,反映了人类文明的历史积淀。其实城市绿地特色就是一种典型的城市形象的重要组成部分,是人们通过空间和社会活动的体验和感知获得的。城市形象是一种文化认知,是人对城市一种可以总结的感受与感觉,即可以通过概括性语言进行描绘的一种"语言"。城市形象既是一种客观存在的意义,又是人们的主观感受,是一种主客观结合的结果,由于主观的理解性差异,对城市形象的说明解释和认知总是千差万别的。本文认为:城市绿地形象一般是指城市给予人们的综合印象与整体文化感受,是历史与文化的凝聚构成的符号性说明,是城市各种绿地形象集中的表述,而这种形象被社会的大多数人接受时,城市绿地形象则已经具有整体的历史文化意义,是一个城市的文化资源。

1.1.3 城市风貌

城市风貌,简单地讲就是城市抽象的、形而上的风格和具象的、形而下的面貌。风貌中的"风"是对城市社会人文取向的软件系统概括,是社会习俗、风土人情、戏曲、传说等文化方面的表现;"貌"则是城市总体环境硬件特征的综合表现,是城市的有形形体和无形空间,是"风"的载体,两者相辅相成。具体说来,城市风貌是通过自然景观、人造景观和人文景观而体现出来的城市发展过程中形成的城市传统、文化和城市生活的环境特征。城市风貌侧重体现的是城市整体的个性化本质特征,包括城市物质空间环境及其承载的社会、经济、文化和生活等方面的特质。

1.1.4 城市绿地景观风貌

城市绿地景观侧重视觉及审美,趋于外显,城市风貌侧重综合感受,关注内涵,但二者都是需要依托物质环境的优化来展现城市的人文气质,二者需要一个有效的结合点,因此,城市绿地景观风貌的概念应运而生。概括地讲,城市绿地景观风貌就是指由城市绿地景观所展现出来的城市风采和面貌。城市绿地景观风貌主要是由城市所在地域的自然过程、历史文化过程和当地人的社会经济活动所决定,并综合体现为城市景观的结构和形态特征,是景观作为视觉景象、作为系统和作为文化符号的综合体现。城市绿地景观风貌规划的目标就是糅合城市"文态"及"物态"两方面的要素,使抽象的"文态"融合在具象的"物态"中,综合、全面、直接地展现出城市的整体风采面貌。

1.2　国外城市绿地特色相关研究综述

1960 年,随着《城市意象》(*The Image of The City*)的出版,凯文·林奇(Kevin Lynch)将城市意向从心理学领域引入城市研究。根据林奇的观点,城市意象是城市环境与观察者相互作用的结果。环境提供区别与关系,而观察者有了很大的适应性,根据他自己的目的,选择组织他所见到的一切并赋予意义。书中林奇通过画地图草图和言语描述这两种方法对美国三个城市——波士顿、泽西城、洛杉矶的城市意象做了调查和分析,提出了有关"公众意象"的概念,并就城市形态、城市意象及其元素等问题做了论述。林奇启发性的观点,使得"意象"一词引起普遍的关注,成为设计与规划界通用的术语,也带动了许多追随者和类似的研究。林奇的研究引导了一种更为人性的城市设计方法。

对城市环境的感知和理解,在林奇之后,有不少学者从不同的角度和层面继续进行深入的研究,如林奇的同事阿普尔亚德(Donald Appleyard)对委内瑞拉的新城市圭亚那城(Ciudad Guayana)的意象调查,把城市意象体系推进到更精细一层的分析。在林奇的基础上,埃文斯(Gary W. Evans)、史密斯(Catherine Smith)等总结空间认知的其他研究工作,并推荐了创造辨识性城市景观的案例。另外,出于城市的人文关怀,还有许多学者从行为学、人类学的视角阐述城市环境和人类的关系,从他们著作的字里行间,可以寻找到与城市意象息息相关的内容。如阿摩斯·拉普卜特(Amos Rapoport)的《建成环境的意义》(*The Meaning of the Built Environment：A Nonverbal Communication Approach*)、扬·盖尔(Jan Gtehl)的《交往与空间》(*Life Between Buildings：Using Public Space*)、C. 亚历山大(Christopher Alexander)等的《建筑模式语言》(*A Pattern Language：Towns，Buildings，Construction*)、戈登·卡伦(Gordon Cullen)的《城市景观》(*Townscape*)等等。

1.3　国内城市绿地特色相关研究综述

1998 年,同济大学吴伟提出,城市绿地系统的规划布局,可以通过与城市意象结构的协调与整合,在十分有限的城市绿地规划配额条件下,高效地利用绿地对城市意象的支撑、调整和提升作用,塑造出高品位的城市风貌。同时,他总结出绿地系统规划布局的技术方法:① 提取城市的意象结构;② 确定与意象有关的绿地结构;③ 梳理边缘地带的绿脉地脉;④ 提高主要通道的绿视率;⑤ 保障重点区域的绿化覆盖率;⑥"点睛"城市的标志性节点。

近年来,南京林业大学在绿地系统规划体现城市特色方面进行了深入的研究,并将成果运用于实际项目当中,取得良好的效果。2006 年,南京林业大学王浩提出城市绿地系统规划强化特色的方法。首先,从空间特征、文化特征、产业结构特征三个方面来挖掘、提炼城市特色的资源要素,并对其进行整合。在对特色资源进行梳理整合之后,应从两个方面应用到绿地系统规划布局中:一是特色资源在绿地系统布局结构层面的体现,即从宏观方面入手,对特色资源作整体的、全局的调控,使之成为城市的特色骨骼框架;二是公园绿地规划中特色资源的分级整合问题。

1.4 我国城市面临的城市绿地特色问题

1.4.1 城市绿地建设的发展

"危机"的发生跟我们目前的城市建设高潮有很大关系。当今中国,各个城市都在经济大潮中积极开展建设,然而这种建设大都带有较大的冲动性和盲目性,他们忽视城市特色、城市文脉的保护和发展,一味地追求经济效益和政治效益,不尊重城市的历史和文化,不尊重城市的传统形态和发展格局,肆意开发和盲目建设,破坏了城市特有的风貌,带来了一系列的"城市病变"。

20 世纪 90 年代以来,中国的城市化迅速发展,大规模的旧城改造、新区开发等城市绿地建设迅速展开。随着城市绿地建设规模的扩大,出现了城市的破坏现象。新建绿地盲目追求现代风格,追求潮流并相互模仿,破坏了城市景观的整体协调性,丧失了自己的特色与个性,变成"千城一面"。

1.4.2 城市化妆运动

从欧洲文艺复兴时期的理想城市开始,到 19 世纪末和 20 世纪上半叶的巴洛克城市,城市景观相继成为君主专制和帝国主义者以及资本主义暴发户炫耀的工具。特别是从 1893 年美国芝加哥的世博会开始,以城市中心地带的几何设计和唯美主义为特征的城市美化运动席卷全美,留下了沉痛的教训。

"城市美化运动"强调规则、几何、古典和唯美主义,而尤其强调把这种城市的规整化和形象设计作为改善城市物质环境和提高社会秩序及道德水平的主要途径。然而,在更多情况下,"城市美化"往往被城市建设决策者的集权欲和权威欲,开发商的金钱欲及挥霍欲,以及规划师的表现欲和成就欲所偷换,把机械的形式美作为主要的目标进行城市中心地带大型项目的改造和兴建,并试图以此来解决城市和社会问题,从而使"城市美化"迷失了方向,使倡导者美好的愿望不能实现。

在1909年的首届全美城市规划大会上,城市美化运动很快被科学的城市规划思潮所替代,基本上宣判了"城市美化运动"在美国本土的死刑。但是,"城市美化运动"阴魂不散,它伴随帝国主义和殖民主义的统治势力而来到了亚洲、非洲和大洋洲,成为白人种族优越地位的象征和种族隔离的工具。在过去一百多年的时间里继续泛滥于世界各地。时下,中国大地上的"城市化妆运动"却又在重蹈历史覆辙。

中国的"城市美化运动",更确切地说是"城市化妆运动"与历史上的城市美化运动相比,在规模和形式上都有过之而无不及,其典型特征是唯视觉形式美而设计,为参观者或观众而美化,唯城市建设决策者或设计者的审美取向为美,强调纪念性与展示性。这种"城市化妆"的盛行极具危害,已得到有识之士的关注并敲响了城市景观误区的警钟,具体体现在以下方面:景观大道、城市广场、滨水带的美化,为美丽而兴建花园,以展示为目的的居住区美化,大树移植之风等等。

城市建设首先应考虑市民的日常生活需要,在功能的目标下去设计美的形式,这才是真正的美。目前,最为急需的是改善生态环境,首先应治理污染、绿化环境。有了生机盎然的绿色和浓荫,有了清新的水和空气,也就有了美。这样的城市是一个真正生态的城市。一些形式主义的、无大实效的,特别是无改善生态环境实效而被称为"城市基础设施"的城市美化工程,是不应被继续推行建设的。但现状更加令人忧虑的是,大量的所谓"城市建设"和"美化工程",并不是基于对城市可持续经济实力分析后进行建设的,而是盲目追求建设的最终效果,对城市最稀缺的、不可再生的土地资源的破坏是十分严重且不可逆的,如此难以保证城市未来的可持续发展,最终可能会导致城市陷入困境。

2 城市绿地特色解读

2.1 相关理论

2.1.1 城市意象理论

城市意象理论认为,人们对城市的认识并形成的意象,是通过对城市的环境形体的观察来实现的。城市形体的各种标志是供人们识别城市的符号,人们通过对这些符号的观察而形成感觉,从而逐步认识城市本质。城市环境的符号、结构越清楚,人们也越能识别城市,从而带来心理的安定。

城市意象理论根据易为观察者了解城市的原则,界定了城市形态的概念。该理论认为,城市形态主要表现在以下五个城市形体环境要素之间的相互关系上。空间设计就是安排和组织城市各要素,使之形成能引起观察者更大的视觉兴奋的总体形态。这些形体环境要素主要包括以下五点:道路、边界、区域、节点和标志物。

凯文·林奇的《城市意象》(图 2-1)一书于 1960 年问世,这是一本有关城市意象理论研究最具影响的著作。

书中提出的林奇途径的过程模型是对公众以城市景观的视觉感知为出发点的,讨论城市物质空间对普通人在空间辨析和定位的意义。在一个没有可印象结构的城市空间中,人将迷失方向,不知所措。

所以,林奇途径的评价模型强调一个健康、安全和美好的景观取决于它的可印象性——物体所具有的,能在观察者脑中唤起强烈印象的特质。从客观上讲,可印象性取决于独特性和结构性,前者是"使物体有别于其他,而成为一个独立的整体",后者意味着"物体相对于观察者及与其他物体的空间关系和格局"。

为了陈述这样一个景观的形象,林奇提出"点—线—面"模式,这一模式独立于空间尺度,因而一个都市的景观可以表述为(或设计为)一个多层次的由点、线、面构成的地图或等级序列,或由主导元素构成的格局,或网络,或由这些格局组成的综合体。

林奇把意象拓展到城市研究领域是开创性的,在城市设计人性化方

图 2-1 《城市意象》

面迈出了具有历史意义的一步。城市意象的真正价值是城市文化认知中差异性的内容。这种差异性就是我们通常所指的城市特色。挖掘城市特色的构成才是城市意象研究的归宿。在迄今的意象研究中,这个问题缺乏系统的探讨,而对于当今特色流失、风貌趋同的城市状况而言,意象研究有着十分重要的现实意义。

城市特色作为城市长期历史文化积淀的结果,作为城市文化差异的表现因子,应充分地反映在人们的城市意象中,它是城市意象稳定性的缘由。我们可以从城市发展中人们所反映的稳定性的城市意象内容对城市特色进行研究,进而在城市设计实践中把握城市意象的稳定性和动态性,维护和塑造城市环境特色。因此,从城市意象研究切入,挖掘与城市特色相关的内容,为城市设计实践提供理论依据和方法,是具有现实意义的研究方向。

2.1.2 "场所精神"理论

与林奇可印象的城市景观途径相同,"场所精神"(genius loci)途径也属于现象学派的一个途径,旨在认识、理解和营造一个具有意义的日常生活场所,一个人的栖居的真实的空间。其过程模型强调人在环境中的栖居(dwelling)过程。而只有当认同于环境并在环境中定位自己时栖居才具有意义。要使栖居过程有意义,就必须遵从"场所精神"——人们日常生活中必须面对和适应的客观实在,一些预设的外在力。因此,设计的本质是显现场所精神,以创造一个有意义的场所,使人得以栖居。

"场所精神"途径的评价模型旨在回答:怎样的场所是具有意义和可栖居的呢?即如何才有场所性(placeness)?结论是认同(identification)和定位(orientation)。认同是对"场所精神"的适应,即认定自己属于某一地方,这个地方由自然和文化的一切现象所构成,是一个环境的总体。通过认同,人类拥有其外部世界,感到自己与更大的世界相联系,并成为这个世界的一部分。因此,栖居于同一个地方(场所)的人们通过认同他们的场所(place)而成为一个社会共同体,使他们联结起来,这使场所具有同一性和个性。定位则需要对空间的秩序和结构的认识,一个有意义的场所,必须具有可辨析的空间结构,这便是林奇的可印象景观(impressible landscape)。

所以"场所精神"途径所描述的景观由一系列场所构成。而每一场所由两部分所构成,即场所的性格(character)和场所的空间(space)。一个场所就是一个有性格的空间。空间是构成场所的现象之三维组织,而性格则是所有现象所构成的氛围或真实空间(concrete space)。两者是互为依赖而又相对独立的,空间是由边界构成的,大地与天空定义了空间之上下,四顾的边界定义了空间的周际,性格取决于场所的物质和形式构成,要了解性格,我们必须要问:足下之地是怎样的,头顶的天空是怎样的,视野的边界是怎样的？因此,在构成空间的边界上,场所的性格和空间得以重合。因此有了:浪漫的(romantic)景观——天、地、人互相平衡,尺度适宜,氛围亲切;宇宙的(cosmic)景观——天之大主宰一切,可感受自然之神秘与伟大,使人俯身相依;古典的(classic)景观——等级与秩序将个性化的空间联系起来。

2.1.3　景观美学理论

景观美学涉及地质学、地理学、建筑学等科学知识,具有综合性。人类对于自然美和生活美的感受,包括视觉的美,听觉的美,嗅觉的美,温度感觉、触摸感觉、机械感觉以及味觉的美等。形成景观美的方式多样,主要可通过以下几个原理得以实现:

（1）各部分相互关系原理

对比、对照是在质的或量的极为不同的要素间进行排列时,特别强调相互间的特征比对。因为造型要素是点、线、面、形、色彩和质感等,所以对比是就这些性质相同的或不同的要素,形成的各样组合而言的。事物总是通过比较而存在的,艺术上的对比手法可以达到强调和夸张的作用。对比需要一定的前提,即对比的双方总是要针对某一共同的因素或方面进行比较,通过互相衬托突出各自的特点,如方与圆是形状方面的对比、光滑与粗糙是材料质地方面的对比、水平与竖直是方向方面的对比,其他如光与影、虚与实的对比等等。同时对比还要强调主从和重点的关系。"万绿丛中一点红,动人春色无须多"的诗句恰好说明了对比的意义。绿和红在色彩上是对比关系,万和一在数量上也是对比关系,一点红是重点,绿和红不是一半对一半生硬呆板的关系,目的是通过突出一点红的对比协调效果而取得动人春色。由此可以看出,对比是达到多样统一取得生动协调效果的重要手段。缺乏对比的空间组合,即使有所变化,仍然容易流于平淡。在建造园林空间时,如能成功地运用对比可以取得丰富多彩或突出重点的效果,反之不恰当的对比则可能显得杂乱无章。与对比相反的概念是相似,相似是具有原始共同性的要素排列而成,所以各要素都能容易地密切结合。作为整体来说能够得到平稳统一的调和。对于调和,也可以把它看成是极微弱的对比。调和的东西容易使人感到统一和完美,但处理不当会使人感到单调呆板。对称具有计量的意思,即可以是一个单位形重叠,可以用一个单位量除尽。从集合的某些部分能够认识全体。重复就是具有相同性质的要素反复地使用。像我们在高速公路上看到道路两侧护栏板上的钢柱沿着道路纵深的方向等距离地排列,这种按照一定规律排列和重复变化的方式,给人一种明显的韵律感。

（2）空间或时间的长短、大小、强弱等数量关系原理

平衡是两种力量处于相互平均的状态,就如同构成园林空间的各部分前后、左右之间的关系,给人安定、平衡和完整的感觉。平衡最容易通过对称的方式获取,也可以采用一边高起一边平铺,或者是一边有一个大体积另一边有几个小体积等方法取得。这两种平衡给人不同的艺术感受,前者较容易取得严肃庄重的效果,而后者则容易取得轻快活泼的效果。值得注意的是,无论求得哪种平衡,都应该从立体空间的效果上去看。比例是指在长度、面积、位置等系统中的两个值之间的比值,是就这个比值与另一个比值之间的共同性和协调性而言的。换言之,比例是部分对全体在尺度间的调和。犹如人的身体有高矮胖瘦等总的比例,又有头部与四肢、上肢和下肢的比例关系,而头部本身又有五官位置的比例关系。园林空间各构成体所表现出的各种不同比例特点常和它的功能内容、审美观点有着密切关系。关于比例的优劣很难用数字作简单的规定,所谓良好的比例,一般是指园林空间的整体构图与各构成体之间,每一个构成体之间都具有和谐的关系。要做到这一点,就要对各种可能性反复的比较,这就是我们通常所说的"推敲"比例。韵律是在流动的运动中加以某种组织和统一作用的活动而形成的。换句话说,韵律是运动中的秩序,动势本来是以时间为前提的,但在造型作品中,是指根据表现的形式所唤起的运动印象。突出是在一个作品中采用各种要素和素材时,把这些要素和素材分成主从关系。

（3）整体中的多种因素统一原理

由于调和是对称、平衡、比例、韵律、动势等的基础,所以调和的秩序是多样的统一。如果把包含许多不同性质的要素或部分集合起来,就会引起混乱,作为一个统一体则很难掌握;反之,把相同性质的部分集合起来,则将陷于单调、千篇一律,以至软弱无力。所谓多样统一,是有适当的变化,而且作为整体则又有牢固的结合状态。即在统一的前提下,应该具有多样性或是处于变化的状态。

2.2　城市绿地特色的特征

2.2.1　城市绿地特色的整体性

城市绿地特色由若干要素构成,要素之间相互联系、相互作用形成一个整体。城市绿地特色的整体性主要体现为城市绿地特色共性特征和个性特征的相互联系、相互依存,它们作用体现出的整体特征是城市绿地完

整的特色。同时,城市是由人和物的各种关系共同构成的统一体,是一个城市在其内外部各种关系相互作用之后所形成的环境总和。特色的统一表明,城市不仅在物质空间形象上给人以特有的美感,而且在精神成果上给人以高层次的愉悦,对城市的历史人文沉积产生深刻的认同感。物质空间形象作为城市绿地特色的外在表现形式,具有直观具象性,人们可以凭感观去认识它,而精神上的人文空间形象则是城市绿地特色的内容,具有抽象性,必须借助于人的思维活动去认知。

2.2.2　绿地特色构成的层次性

绿地空间特色的构成正如一篇文章的主题需要由词汇、语句与结构来共同描绘。结构层次是由多种单一元素和成组的元素根据某种法则所组成的整体篇章。当绿地特色词汇逐步上升到可以构成一个完整系统时,才能真正地形成城市绿地空间的特色,它的整体效果将得到有力的加强。

2.2.3　绿地空间特色的审美性

城市绿地空间特色作为城市特色的物化形式和显相形态,从人的认知角度分析,它是由于城市在外部形象上所具有的特殊性,因而往往能引起人们的注意并使之感兴趣的某些感性特征,其重点是针对人们审美经验而言的审美特征的差异性,是每个城市在其绿地空间形态上所反映出来的独特审美属性。一个具体的城市绿色空间环境如果没有人去接近、利用或感受,作为物质形式它仍然存在,但是没有意义;一旦有人接近、利用与感受它,它就具有一种价值的可能性,或者说一种意义,这个意义就是具体的城市绿地空间与人的实践关系。

2.2.4　城市绿地特色的可变性

城市绿地在历史的进程中不断地成为城市文明非常重要的组成部分。城市绿地特色也不是一成不变的,它的内涵会随着时间的推移发生渐变和突变。城市绿地特色在时间推移的过程中体现出它的渐变性和突变性。

（1）城市绿地特色的渐变性

城市绿地特色是在城市的变迁中,能为人们所认可,并可持续发展的有别于其他城市绿地的个性特征,城市绿地特色在时空变迁中体现出渐变性。不同国家、不同地区、不同民族的城市呈现出不同的城市绿地面貌,这些风格各异的城市绿地面貌逐渐成为不同城市的标志,获得大多数人的认同,并将此不自觉地代代相传,逐渐稳定,便形成了我们今天所看到的城市绿地特色。

（2）城市绿地特色的突变性

城市绿地特色的突变性是城市绿地特色某些要素发生巨大变化的结果。城市绿地特色的突变有时是不可避免的,工业革命之后,许多城市绿地成了批量生产的产品,如同从一个模子里复制出来,反映了时代的特征,但同时也毁掉了一些非常有特色的城市,使那些城市的绿地特色发生了深刻的突变。绿地的批量生产在现代社会是可以控制和正确引导的,我们应努力让这种突变变得有意义,而不是盲目的、不加控制的趋同。

2.3 城市绿地空间的构成

2.3.1 构成要素分类

（1）城市景观层面上的分类

在城市景观层面上,将城市资源分为自然景观、人文景观与社会景观三个方面(图 2-2):

① 自然景观 由山、水、动植物和云、雨、风、雪、光、气等气象景观组成。山、水、动植物等是城市中常见的自然景观,可以经过人工改造,具有山、水风光的城市更具有这种得天独厚的自然景观资源,它常成为城市立体轮廓的骨架。而云、雨、风、雪、光、气等自然景观,一般是不能改变的,如能利用得当,也是极其重要的景观资源。

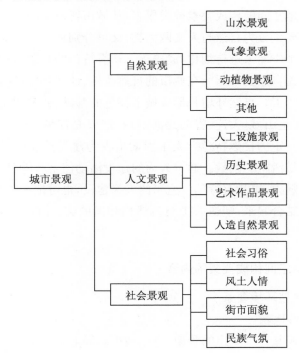

图 2-2 景观内容归类

图 2-3　城市特色相关
要素构成

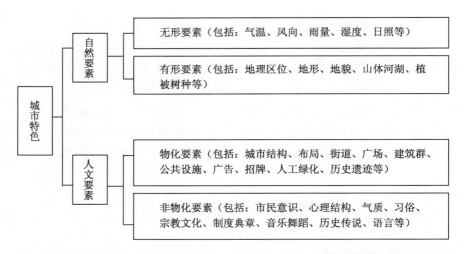

② 人文景观　包括各种建筑、街道、构筑物、小品、雕塑等人工设施,以及历史文物古迹,各种与景物相联系的艺术作品,如诗文碑刻等,各种人造的堆山、堆石、凿洞、挖地、人工瀑布、跌水和绿化等,都是构成城市景观的主要部分,其优劣直接影响到城市景观质量的好坏。

③ 社会景观　是以社会和人为内容的景观。如社会的习俗、风土人情、街市面貌、民族气氛等等,都是形成城市特色的因素。社会景观同时也反映出城市运动的、活跃的、有生命的一面,它与社会各种现象、思潮甚至与制度、经济等都有着紧密的联系。

（2）城市特色层面上的分类

城市绿地空间的构成要素种类繁多,从城市特色层面进行理解时,将众多的构成要素分为自然与人文两大类,又可分别从有形与无形、物化与非物化这四个方面来进行细化,涵盖了一切有特色的资源(图 2-3)。

总的来说自然要素指所在城市的自然条件、地理环境,这是形成城市特色的基本因素。自然环境是形成城市特色的基础,如苏州是水城,济南是泉城,重庆是山城,大连、青岛是海滨城,武汉是江城,等等。一定的自然条件形成一定的自然特色。人工因素指人为建设活动的成果,它是形成城市特色最活跃的因素。通过人为的建设活动使富有特色的自然环境变得更富有魅力,更具有特色。适当的人为建设,也可把人工环境与自然环境有机地结合起来,塑造人工与自然相和谐的美,才能使城市增辉,显示特色。

2.3.2　绿地空间构成要素的内容

2.3.2.1　自然环境要素

（1）地形地貌

地形地貌是一个城市的骨架,它在城市布局上起着至关紧要的作用。

自然环境中的山水常作为城市风貌特征要素,充分利用自然山水的神韵进行城市建设,美化城市,可形成独特景观效果。如山区城市,可依山就势进行建筑布局,突出山势特征,增加城市动感,形成丰富的山城景色。临江临河城市把水景引入城市,在江河两岸安排城市景观轴,形成临水城市特色。平原城市地形起伏小,主要是通过城市空间的不同组合方式和建筑物的高度来暗示城市地形特征。平原城市、山地城市与高原城市等在绿地中所表现出来的审美趣味和文化意蕴因地形的巨大差异而必然存在着不同。数年前著名科学家钱学森建议"社会主义中国应该建山水城市",其意思就是建设山水并存的自然环境特色与城市相融合的人类聚居环境。像镇江"一江横陈、三面环山、城中见山、山环水抱"的山川形势,造就了山、水、林、城互相融为一体的"城市山林"的独特风景。再如《桂林市城市绿地系统规划》(2003—2020 年)"一带(漓江)两江(桃花江、小东江)三楔(龙泉、西山、七星尧山组团)奠定山水城市格局,双环(内、外环石山圈)三边(山边、水边、路边)三线(三条城市绿化背景线)建立园林城市骨架,古城居中再现历史旅游名城风貌,山野峰林环抱保持生态城市特征"成为桂林市未来绿地系统的总体布局。汕头市城市绿地系统规划提出整合市域山、海、江、田、城等诸多环境要素,着力营造"三江吐翠织峦秀、两湾含碧入海城"的城市形象,构建"五山、四城、三江、两湾、一岛"的环境构架。

(2) 植被树种

具有地带性分布特征的植被群落与地形地貌一起,共同构筑了典型的地域自然景观,它们在城市绿地空间特色的体现中占据着显著的位置。在绿地中充当最主要角色的植被,往往是和地形与气候密不可分的,地域植被无论在其组成的群落结构特征和组成品种的数量与质量,还是每一个品种和个体的花、叶、色、形都有着明显的区别,它们对城市的景观特征也有着不可忽视的意义。南方植物品种较丰富且多常绿阔叶植物,开花种类较多且花期长,能够形成群落结构复杂和四季有花的植物景观,如热带城市充分种植各种缤纷绚烂的热带植物,形成热带城市风貌;而北方植物品种则相对较少,常绿植物以针叶树为主,并且受花期和开花植物种类数量的限制,在多数城市中只能形成四季常绿、三季有花的景观,正由于此,南方和北方城市在绿地景观建设中能创造出迥然不同的环境特色。

比如威海市以当地物候规律指导园林城市的建设,选择了适合当地气候、生态特点的植物品种建成合欢一条街、国槐一条街、银杏一条街等二十几个主题景区,产生了"春季一片粉、夏季一片黄、秋季一片红"的色彩效果;南宁市则充分利用南方气候条件和资源条件,主要植被采用常绿阔叶树,同时考虑季节色彩,特别是红花羊蹄甲、象牙红与刺桐等的栽植,即使在深秋隆冬季节也是绿意盎然、花开满树,充分体现了南方城市的特征。

2.3.2.2 物质空间要素

（1）城市结构与布局形态

城市形态是指一个城市在地域空间上的分布形成,是反映城市整体特色的最主要的内容。比如带状城市、群体城市、单核心城市、多核心城市等。不同的城市形态影响到城市内部的功能分区、城市结构和城市道路交通风格,给人的感受有很大的差别,因此,结合自然条件,形成一个符合当地实际的城市形态,是创造城市特色的一个重要方面。

规划城市的结构和布局是将城市特色投影于城市空间中的重要途径。规划结构主要是指城市用地功能分区、城市道路系统、城市河湖绿化系统等综合布局形态。具体规划布局主要是指一个居住区、一个开发区、一条街道、一个广场或某一建筑群本身及其相互之间的规划设计构思。城市的布局形态和规划布局的构思是城市特色的总体框架。平原城市、山区城市、滨海滨江城市以及其他不同性质的城市,都会形成不同的布局形态。

城市绿地系统是为城市提供生态功能,确保城市具有良好生存环境,体现城市历史文化内涵等存在价值的网络系统,与城市形态相对应的绿地布局能为城市带来最佳的生态、经济、社会效益,共同塑造独具一格的城市风貌。

（2）道路

道路是城市的骨架,也是交通动脉,人们对于一个城市的初始印象,往往是在交通行进过程中形成的,凯文·林奇在《城市意象》中将道路放在城市意象五大元素之首进行描述,可见道路特色对构成城市特色的重要性。除了交通行为特征外,可以从三个方面去认识该特色:在宏观上,所有道路广场连接形成的网络结构特色。城市的路网受自然地势、政治制度、经济规律、人文思想及交通流向综合影响,形成了各自的网络特征。现代化的城市、现代化的交通工具要求路网布置因地制宜,不拘于条框,形成自己的风格。在中观上,每条道路的尺度、线型、断面、流向、功能、空间序列、环境氛围形成各自的街道特色。如商业街的繁华、生活性道路的整洁与宁静、工业区道路的顺直通畅。在微观上,道路的节点如街口、广场的特色。街口、广场为市民活动最频繁的场所,也是视觉的焦点,其特色代表着城市的空间形象,故有人将之喻为城市的起居室,是展示城市特色的窗口。像天安门广场,严谨对称,尺度巨大,空间开阔,形成了雄伟壮丽的政治中心广场特色。而道路绿化是道路景观的重要组成部分,根据道路分级、分类所做的道路绿地系统规划从系统上对于城市道路景观进行了调控,有助于塑造城市的整体形象,体现城市特色。

（3）建筑和构筑物景观小品

景观小品是特色的点缀构件。景观小品包括雕塑、院门、岗亭、路牌、栏杆、灯柱、坐凳、候车亭、喷水池、广告牌、果皮箱等，它的位置、体量、造型、色彩及其与周围环境的处置等安排得体，对点缀环境、美化城市、陶冶情操、体现特色具有重要作用。但景观小品搞得过多过滥，或位置不当，不仅不能给城市增色，反而会败坏城市景观。比如有的城市雕塑粗制滥造，有的城市商业广告乱贴乱挂，甚至一幢好端端的建筑，立面全被广告包住，无法认出建筑真面目。为使景观小品真正在塑造城市特色中发挥应有的作用，须注意几个问题：① 要统筹规划。景观小品量大面广，要在城市总体规划、分区规划、详细规划中分别做出具体安排，并实行与主体景观同步规划、一同设计。② 景观小品和其他建筑一样要有地方特色，要有时代气息。③ 要保证规划设计和施工质量，防止粗制滥造。④ 加强维护。景观小品建成后要加强管理，及时维修、更新。城市中的景观小品种类繁多，如花坛、坐凳、亭、廊、雕塑、驳岸、围栏、灯具、宣传牌等，一方面满足特定的功能，另一方面点缀、陪衬城市景观，使空间环境更富有生趣、意境和特色。"它们可作为一种独特的空间符号，传递着浓郁的城市形象特征的信息"。

（4）园林绿化

绿化是一个城市文明与美丽的重要因素。绿地空间不仅能够满足人们对农业生产、旅游观光、休憩娱乐等的需求，更重要的是它有助于保护人类一贯赖以生存的自然生态环境。绿地植被不仅是市民生活休闲的需要，也是一个城市的魅力、吸引力所在。

绿化是城市的软质景观，其特色首先表现在城市绿化覆盖率上，城市绿化水平的好坏，给人感觉非常明显，较高的绿化覆盖率会提高城市的生态环境质量，空气更清新、景色更怡人。其次表现在绿化的空间布局形式，即城市绿化是侧重于点状、线状、面状、网状布置还是其他形式的布置。其三表现为绿化围合的空间氛围及其树木、花草的配置上，如南京的林荫道，绿树成行，阴影蔽日，形成一道道绿廊空间，很有特色。城市广为种植的市树、市花就是绿化配置特色的组成部分。

园林绿化可以给城市带来生机，增添优美，净化环境，强化特色。我国不少城市不仅重视城区绿化，而且还把近郊的风景区和山林绿地延伸插入市区，以改善生态环境。沈阳、郑州、合肥、成都等城市结合环境综合整治，结合水体建成的绿化带，已成为城市景观的一大特色。要使园林绿化为城市增色，一是要重视街道绿化和居住区绿化；二是要与河湖水面、公园、山林绿地紧密结合，形成城市绿化系统；三是要选用具有地方特点的树种，绿化种植要多样化。

（5）历史遗迹

历史文化资源是一个城市文化品位的重要表现，是一个城市文化个性的生动体现，也是一个城市成为文化名城的一种最独特的文化优势。历史遗迹是最为直观也最为丰富的城市历史文化资源，包括城市在各个历史时期遗留下来的，具有历史意义和文化特征的建筑物、各种器物、遗址乃至古化石、人类动植物遗骸等。其中，各类建筑及其遗址是最为常见的文物古迹，宫殿、古堡、民居、城墙、城门、城堡、园林、桥梁、陵墓、广场、雕塑、街区、寺庙、教堂、塔台等，建筑以及建筑遗址构成的文物古迹构成了城市历史文化资源的主体。还有如独特的城市空间组成形式，它是城市的自然环境、地形地貌和文化历史发展共同作用的产物，古代北京形成的以故宫为中心的棋盘格状的城市空间结构，既与平坦的地形有关，更与其作为首都的政治中心地位有关，其城市的功能区划和空间布局充分体现了封建时代以皇权为中心的政治思想。

（6）其他要素

随着城市的"长高、长大"，其天际线的重要性越来越被人认识，它除了反映城市总体形象，还能表明城市的个性特征。如北京城的天际线，中间低，周围高，中央为保留的历史核心建筑群的精华，鲜明地显示出历史文化名城的风貌特色。城市水、陆、空主要出入口沿线轮廓常给人第一印象，其特色也是构成物质空间特色的因素。此外，许多城市实施亮化工程，形成了颇具特色的夜晚光环境；建筑外装饰、各种招牌、文字、广告等实体的特色都是构成物质空间特色的音符。

2.3.2.3　人文空间要素

人类社会文化的总和在某一时空中的具体表现，形成了人文空间特色，城市的形成和发展都与其特定的人文空间环境息息相关。它不仅是城市物质空间产生特色的源泉，而且"历史沉积的人文传统是构成城市特色的精神内核，是城市品格的旗帜"。人文空间特色反映了城市的内在气质，主要由城市社会人的形象特色和城市文化特色两部分组成。

（1）社会人的形象特色

人类社会的高度集聚产生了城市，每个市民都是组成城市的细胞，承担一定的社会责任和义务，是一个社会人。在城市历史传统、民族个性、文化素养、宗教信仰、民风习俗等大环境中，社会人的衣食住行、言谈举止、精神面貌、整体素质等形象都表现出地方独特性，影响着公众对城市的看法和评价，尤其是城市"窗口"行业、政府领导部门的社会人和杰出伟人的形象。我们常说上海人怎样，南京人怎样，就是用社会人的形象特色代替城市特征。文明礼貌、民主开放、热情大方、进取向上等良好的社会人形象，必定对城市形象特色产生积极影响。

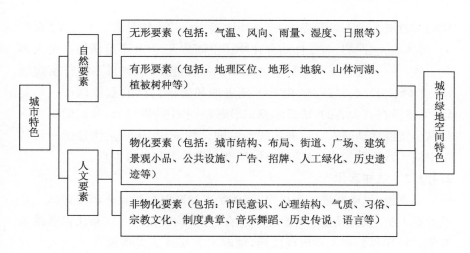

图 2-4 城市绿地空间
特色相关要素构成

（2）文化特色

随着城市的发展，人们在不断创造物质财富的同时，也积累了丰富的精神文化，形成特定的文化背景，像北京文化的"历史、传统、鲜于创新"，岭南文化的"自由、开放、包容性强"的特点综合体现了城市上层建筑的地域特征。文化特色表现面非常广，如展现在当地的各类文学艺术作品、文化活动（如电视电影节、旅游节、商业节、服装节、饮食节等）以及人文景观中，其传播快、流传广，对城市形象特色影响更广泛深刻。

为了不包罗万象无从入手，所以我们从城市绿地空间的角度来看城市特色，那么它应是明确的限定在城市有形的和物化的、非物化的要素范畴之内，即城市特色中自然要素的有形要素，人文要素中的物化及非物化要素。尽管我们对研究的对象作了限定，但它们之间仍是密切相关，内外各种关系相互作用（图2-4）。

2.4 城市绿地空间特色的认知

2.4.1 认知途径的组成要素

认知途径由认知主体、认知客体以及联系认知主体与客体之间的路径——认识方式三个要素组成。具体到城市绿地空间认知的领域，认知主体是城市绿地空间的认知者，认知客体是城市绿地空间，认识方式是指人们在认知城市绿地空间的过程中所采用的精神手段。

2.4.1.1 认知主体

哲学家是从不同的本体论前提出发研究认识论问题的。因此，对于认识主体的看法也就不同。马克思、恩格斯把社会的人当成主体，既反对唯心主义把主体当成精神，也反对旧唯物主义把主体当成消极的被动的生物学意义上的人。马克思、恩格斯明确指出："主体是人"，而人是"自然的、肉体的、感性的、对象性的存在物。"主体是人，但并不是任何一个人都是主体。一个具备了一定科学文化知识和技能的人，如果不进行实践活动，就不能为社会做贡献，也就不能表现和确证自己的主体地位。马克思、恩格斯在其合著的《德意志意识形态》一书中特别强调：我们的出发点是从事实践活动的人。对城市绿地空间认知来说，认知主体是指一切从事空间实践活动的人，包括城市绿地空间设计者和普通大众。

2.4.1.2　认知客体

马克思、恩格斯进一步提出"客体是自然"，但自然并非都是客体。自然界在人类之前，只是一种自在的存在，并不构成人的实践和认识活动的对象。自然界是在人类出现以后，随着人类实践的发展而逐步纳入实践活动的范围，由自在之物变为为我之物而获得客体的规定性的。也就是说，马克思主义学说的客体是客观存在的一个方面或一个部分，它进入主体活动的范围作为确定的对象被相对固定下来。总之，客体是进入主体活动领域并和主体发生联系的客观事物，是主体实践活动和认知活动所指向的对象。另外，同一对象，对于不同的个人主体来说，就会有不同的特性、方面成为他认知的重点。本论文中的认知客体是指承载了人们的生活的那部分空间。

2.4.1.3　认知方式

"人类的认识活动，是有目的、有计划地探索客观世界的本质和规律的活动。由于探索过程的复杂性和曲折性，认识主体在这个过程中的每一个阶段，都不仅需要借助各种物质工具，而且需要运用各种精神手段。认识方法就是主体把握客体的一种精神手段"。认识方法对于主体认识具有重要意义：从主体方面看，认识方法是主体认识能力的基本要素；从认识过程看，认识方法可以为人们的认识指明正确途径；从认识结果看，认识方法有助于人们从事创造性的认识活动。"认识方法"是科学认识论中的语汇，由于本文还将涉及科学之外的对真理的认识，因此以"认识方式"来指代更宽泛的内容。由于认识方式是不断充实、不断丰富的知识系统，其组成要素随着人类认识活动的深入而不断增加。在人类认识史上的每一个重大阶段，都产生了一些不同的认识方式。就城市绿地空间认知而言，认识方式的演变是随着人们空间观念的演变而进行的。

2.4.2　人对城市绿地空间特色的认知特点

城市绿地是为最广大的民众服务的，民众作为景观中人文信息的受众，与传播者在文化、审美等观念与欣赏水平等方面有很大的差异，作为受众这个庞大群体的内部也有很多不同。然而,并不是所有的人都具备认知条件的,主要是文化知识储备量上的不满足,这些不具备认知条件的人是无法感知绿地景观中人文文化的存在的。城市绿地空间通过各种传播和表达方式向人们展示人文文化以及其现实意义,使一些具备认知条件的人们感受到了其中人文观念和文化内涵,再进一步去了解从而达到了真正的认知。因此,要使传播活动能顺利进行,使人文信息和文化内涵被真正共享,就必须促使受众和传播者对人文信息和文化内涵在某种程度上趋向吻合。

人是城市绿地空间特色的创造者,又是特色信息的接收者,人对城市绿地空间特色的感受是通过人的认知而产生的,而不同的人对相同的城市绿地空间会有不同的心理感受和价值取向,取决于社会个体不同的生活经历、文化背景、传统观念、风俗习惯。因此研究人的认知特点十分重要,归纳起来,应是以下几个方面:

2.4.2.1　审美的参与性

城市绿地空间是为广大人民提供休闲生活的场所,它已经成为人们生活中不可缺少的一部分。就其审美特性来说,有着与其他艺术欣赏的一个重要区别,在于人们对城市绿地特色的认识与欣赏是始终参与到最普通人的最平凡的生活之中。这种参与性表现在人们既是城市特色的欣赏者,同时又是城市特色语言的创造者、使用者和维护者。这种参与性使得一些城市绿地一经设计建成,人们便开始了对它们积极的参与性活动。

2.4.2.2　感知的差异性

我们知道,对于事物的观察与认识存在着一个主观的心理结构。这种心理结构与认知者的知识结构和以往经验等相关。对于一个城市绿地空间特色的认知,同样地也带着这种主观性:长期生活居留于城市中的人对绿地中的野草之美就充满了欣赏喜悦之情,而对于长年生活在乡村中的人们来说,绿地中的铺装、雕塑可能是他们更感兴趣的事物。

人们心中已经存在的认知模式是一个人认识城市特色的内在因素,它左右着个体对城市特色的认识,而这个内在因素是他的文化背景所决定的,包括所受的教育、文化程度,对科技知识的掌握,还有他所成长的社会环境以及他所认识到的城市等因素。正是由于个体认知的主观性,带来了个体对城市绿地认识的片面性。因此,对城市绿地空间特色的确认,我们应该更加强调大众的认同。

2.4.2.3　阅读的片段性

人们对城市的认识不同于在音乐厅中欣赏音乐,或者在画廊中看美术作品那样全神贯注地、整体地、全面地欣赏,人们认知城市绿地空间特色是通过视、听、嗅、味、触等多种感觉器官,一部分一部分地逐步对城市绿地特色信息进行接收。主要是通过一个人运用自身的感觉器官来认知城市绿地空间。由于参与的局部性,所以对个体而言,人对城市绿地空间特色的认识总是片段的。空间特色的认知是先有片段而后有整体。

2.4.2.4　认知的过程性

我们对一个事物的认知,需要有渐进的过程。随着接触时间的增加,对城市绿地空间的认识将会出现变化,这种变化是两方面的。

一方面,城市特色的认识随着时间的增加而加深加强。久居一地的老市民,他能体察出城市中许多深层的内涵,通过城市的许多细微部分,讲述城市的历史典故,随着时间的增进,深入地了解城市的社会、历史、文化的各个层面;另一方面,随着时间的推进,人们对城市绿地的认识反而会变得淡薄,正如"处芝兰之室,久而不闻其香"。而当我们新到一地,会对那里的环境产生较强烈的感受。

所以,由于人的以上认知特点,城市绿地空间特色不是可以通过简单的观察和主观判断来确定的,任何专家和个人由于认知的过程性特点、参与的程度、心理结构与知识背景不同,都不能完整地评价城市绿地空间特色。绿地空间特色是一种广大市民的"集体无意识"和公众"约定俗成",只有通过科学的调查研究才能确定。

2.5　调查研究方法

城市绿地空间特色的调查主要通过社会学调查研究方法和空间解析方法。内容包括问卷法、文献法、访谈法、观察法、空间解析法、对比法等,最后在此基础之上进行综合评价,从而得出较为全面和客观的判断,为下一步城市规划与设计中加强空间特色和发展完善特色打好基础。

2.5.1　问卷调查

问卷法是现代社会学研究中最常用的资料收集方法,特别是在调查研究中,它的使用更为普遍,城市特色的研究涉及广大市民行为活动与审美心理,因此问卷调查是有效的方法之一。

问卷表格的设计可以根据具体情况而确定,表格制作根据调查的研究对象可以分为群体与个人两种调查形式。对个人调查,可以制定明确的问卷表,其内容包括选择题、提议题、简单绘图题、被调查者本身情况等;对群体的调查,主要指对相关单位的意向及基本情况调查,如对规划局、文物局、旅游局、园林局、区、县政府等,主要采用问答形式,由政府主管部门下发。

　　问卷调查的目的是进行较全面的公众意向调查,因此调查的对象选择应具有代表性,应包括新市民、老市民、外地游客等,同时注意工、农、商、学、兵等各种职业的兼顾。

2.5.2　文献法

　　文献法是通过对已有的相关历史档案、文史资料、论文报告以及规划与设计方案进行收集、整理并进行综合分析。通过对查阅的相关资料、文献档案等进行总结分析,掌握以往关于城市空间特色的研究定位和研究的深度、背景情况等,同时也可以了解到以往规划设计与建设对城市整体特色的重视程度以及其他相关问题。

2.5.3　访谈调查

　　访谈调查是对城市规划、建设与管理方面有经验并具影响人员的访谈,可以采用社会学中无结构式访问的重点访问和座谈会两种方式。同时还可由规划局主持召开热心市民公众参与的座谈会。通过访谈与座谈,以及通过面对面的交往过程,可以使我们在资料收集和问卷调查的基础之上,针对具体问题更深入一步。这主要是访问的对象所具有的专长背景以及访问内容的针对性,加上访问的形式是访问者与被访问者相互讨论,相互作用的结果。

2.5.4　观察法

　　观察法是一种搜集城市空间特色初级信息或原始资料的方法,这种方法是通过直接感知和直接记录的方法,获得由研究目的和研究对象所决定的一切有关的空间现象和社会行为的信息。

　　可以采用实地观察的非结构式局外观察法。课题研究人员对城市的街道、广场、建筑、河流、山体、标志物、景点以及公众对其印象和使用情况进行观察。如:对居民在城市广场中使用活动情况的调查与观察,对旅游者选择景点及拍照取景的调查等。

2.5.5　空间解析法

　　空间解析法主要是通过对城市空间发展的形态、结构与意义等的系统分析,以城市空间规划与设计专业者和研究者的视角对城市绿地空间特色的形成、发展与规划进行全面的解析。空间解析的途径是专业工作者与专家运用城市绿地空间发展的规律与规划理论对城市的历史、现状与未来进行分析。

2.5.6 类比研究

城市绿地空间的特色强调的是个性特征,这种特征来源于对历史文化、风土人情、科技水平、城市性质、建筑风格、气候特点、地形地貌等要素的体现。对于具有相近要素特点的城市进行类比研究,有利于我们找出差异,得到有益的启示,强化我们城市绿地空间特色的规划与设计。

3 塑造有地方特色的城市绿地景观
——以扬州市为例

3.1 自然条件

3.1.1 地理位置

扬州市地处江苏省中部,位于长江北岸、江淮平原南端。现辖区域在北纬32°15′至33°25′、东经119°01′至119°54′之间。东部与盐城市、泰州市毗邻;南部濒临长江,与镇江市隔江相望;西南部与南京市相连;西部与安徽省滁州市交界;西北部与淮安市接壤(图3-1)。扬州城区位于长江与京杭大运河交汇处。全市东西最大距离85 km,南北最大距离125 km,总面积 6 643 km²,其中市区面积 2 350.74 km²(其中建成区面积128.0 km²)、县(市)面积 4 240.47 km²(其中建成区面积93.6 km²)。陆地面积4 856.2 km²,占 73.7%;水域面积1735.0 km²,占 26.3%。

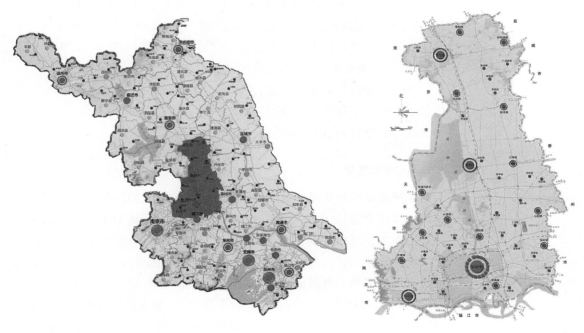

图 3-1 扬州地理位置

图 3-2　京杭大运河扬
州段

3.1.2　水文与水资源

　　扬州地处江淮之间,南临长江,西濒京杭大运河(图 3-2),水网交织。全市境内水系分属长江、淮河两大水系。京杭大运河纵穿扬州腹地,全长143.3 km,由北向南沟通白马、宝应、高邮、邵伯 4 湖,最终汇入长江。主城区位于长江与京杭大运河交汇处,东临京杭大运河和廖家沟,古运河流经城区,经老城区东、南向南经瓜洲入江。

　　扬州市境内有一级河 2 条、二级河 7 条、三级河 2 条、四级河 4 条,总长 593.6 km,多年平均径流总量 16.9 亿 m^3。主要湖泊有宝应湖、高邮湖、邵伯湖、登月湖、白马湖等。

3.1.3　地形地势

　　扬州市城区地势呈西北高,东南低,主要地貌以蜀冈一线为分界线。蜀冈一线以北为长江的一级阶地,属丘陵地区。标高为 10~30 m,蜀冈一线以南为长江的冲积平原,地势平坦,标高一般为 3~10 m。扬州以仪征市境内丘陵山区为最高,从西向东呈扇形逐渐倾斜,高邮市、宝应县与泰州兴化市交界一带最低,为浅水湖荡地区。境内最高峰为仪征市大铜山(图 3-3),海拔 149.5 m;最低点位于高邮市、宝应县与泰州兴化市交界一带,平均海拔 2 m。扬州市区北部和高邮市湖西、仪征市北部为丘陵,京杭大运河以东、通扬运河以北为里下河地区,沿江和沿湖一带为平

图 3-3　扬州境内最高峰大铜山

原。境内有高邮市神居山(苏中第四高峰,海拔 99 m)、仪征大铜山(苏中最高峰,海拔 149.5 m)、小铜山、捺山等。规划区范围地势大致为西北高、东南低。

3.1.4　植被类型

　　扬州市地处北亚热带,是亚热带与温带的过渡地带,气候温和,雨量光照充沛,适合多种类的植物生长繁殖,植物群落十分丰富。为扬州城区绿化储备提供了大量的种苗资源。

　　规划区绿地栽培木本植物有 210 种(包括品种),形成 50 株以上种群的有 111 种,主要有垂柳、香樟、石榴、五角枫、鸡爪槭、三角枫、枫香、朴树、榉树、扶芳藤、丝棉木、山麻杆、四照花、水杉、落羽杉、池杉、银杏、马褂木、七叶树、国槐、无患子、紫藤、皂荚、毛白杨、柿、红叶桃、樱花、石楠、珊瑚树、金银花、小叶黄杨、金丝桃、南天竹、络石、爬山虎、雪松、圆柏、侧柏、刺柏、木瓜、梧桐、香椿、红瑞木、棕榈、乌哺鸡竹、黄槽竹、紫竹、斑竹、孝顺竹、淡竹、紫玉兰、白玉兰、广玉兰、火棘、枇杷、贴梗海棠、西府海棠、垂丝海棠、月季、十姊妹、蜡梅、紫荆、麻叶绣球、白榆、苦楝、栾树、桂花、刺槐、牡丹、栀子花、雪柳、迎春、合欢、扁柏、大叶黄杨、金边大叶黄杨、金心大叶黄杨、斑叶大叶黄杨、银边大叶黄杨、大叶女贞、小叶女贞、日本女贞、金叶女贞、日本五针松、白皮松、赤松、马尾松、黑松、湿地松、南林 95 杨、南林 895 杨、紫薇、银薇、翠薇。种苗绝大多数为本市生产。木本植物指数达到了 0.89。

　　据调查,扬州市域建群种植物有如下几类:

阔叶类树种:麻栎、栓皮栎、白栎、黄檀、榔榆、黄连木、朴树、刺槐、枫杨、银杏、柳、杨、国槐、白榆、栾树、无患子。

针叶树种:马尾松、黑松、圆柏、水杉、池杉。

灌木丛:金丝桃、杜鹃、栀子花、蜡梅、春梅、琼花、绣球、月季、胡颓子、山胡椒、榀木。

草丛植物:狗牙根、白茅、黄背草、白三叶、结缕草、高羊茅。

沼泽和水生植物:芦苇、荷花、睡莲、香蒲、水烛、水葱、灯芯草、水生鸢尾、薹草、菖蒲、千屈菜、风车草、溪荪、蘸草、落新妇、茭、荇菜、光叶眼子菜、金鱼藻。

植被类型和分布:

森林植被大多分布在仪征、邗江和高邮以西丘陵地带和沿江滩地,主要树种有麻栎林、黑松林、杉木林和毛竹林,经济林中的茶、桑主要分布在这一地带。

沼生和水生植被大多分布在高邮、宝应及邗江、邵伯低洼浅滩、湖荡河流地区,主要植物有苇、香蒲、荷花、睡莲、芡实、菱、荸荠、泽泻、凤眼莲、大藻、千屈菜、水葱、荇菜、眼子菜、茭、金鱼藻、角茨藻、轮藻等。

竹林和经济林植被分布在沿江腹地,邗江、仪征一带,茶园主要分布在丘陵地带,桑园、果园本市均有分布。

3.2　城市历史沿革

扬州是国家首批公布的 24 个历史文化名城之一,是一座有二千五百年历史的古城。早在公元前 486 年,吴王夫差为了北上争霸中原,开邗沟沟通江淮,并在蜀冈上修筑了邗城。公元前 319 年,楚国在邗城的基础上第二次筑城,名"广陵"。秦亡后,项羽曾准备在广陵建都,故又称"江都"。南朝竟陵王刘诞在此燃起战火,使广陵变成一片废墟,因而扬州别号"芜城"。

隋代,隋炀帝开运河,扬州出现了繁荣的局面,隋初的江都,约有居民一万户。唐天宝元年(公元 1127 年),增长至七万七千余户,四十六万人,占当时全国人口的百分之一。成为国内南北水陆交通的枢纽和对外经济文化交流的重要港口,被列为东方四大商港之一,时称"扬州富庶,甲于天下"。唐代扬州城包括一个正方形的子城和一个长方形的罗城,面积约为 20 km² 。子城,亦称"牙城",官衙多集中城内。罗城是蜀冈下发展起来的商业区和居民区,杜牧有诗"街垂千步柳,霞映两重城"。

宋建炎元年(公元 1127 年),为了抗金,知州郭隶利用唐罗城南半部改筑成宋大城。南宋末年,蒙古军压境,贾似道因宋大城位置较低不易据守,在蜀冈上唐子城故址筑城,该城筑于宝祐年间,故称"宝祐城"。在宝祐城与大城之间筑夹城,三城形似蜂腰,又称"蜂腰城"。

　　明初,元帅张德林以旧城虚旷难守,截城西南隅筑而守之,这就是现有的"旧城"。明朝中叶,为防止倭寇侵犯,知府吴桂芳在城东筑城,此即今之新城。清代沿用明城,1916 年,拆除了新旧城隔墙。清代,扬州成为南北漕运与盐运的咽喉,经济、文化再度出现了极度繁荣的局面。像是东关街(图 3-4)这样的街区变成活跃的商贸往来和文化交流集聚地,也是扬州运河文化与盐商文化的发祥地和展示窗口。康熙与乾隆先后曾六下江南,六次来到扬州。瘦西湖上园林有"园林之盛,甲与天下"之说。文化活动十分昌盛,"扬州八怪"开创了画坛上的一代新风,在我国历史上影响深远。清末,由于铁路的修建、海运的兴起、运河的淤塞、封建统治的衰落和战争的摧残,扬州的繁华逐渐消失了。

　　扬州现存老城区为明清城池,20 世纪 50 年代拆城墙建环城道路,填汉河建汉河路,当时城市人口 10.9 万人,城区面积约 6.7 km²。从新中国成立后至 80 年代初,扬州总体规划布局以老城区为中心,向四周发展,形成东南工业区、北部生活区、西部文教区和西北蜀冈瘦西湖风景区。1983 年扬州成为省辖市,下辖一市九县二区,同时开始编制第一轮城市总体规划(1982—2000),于 1985 年获省政府批准。1996 年扬州行政区划调整,成立省辖泰州市,扬州管辖变为三市二县二区。2000 年,邗江撤县建区。至 2000 年底,扬州城市人口达 53.6 万人,城市建设用地55.7 km²,人均用地 103.93 m²。

图 3-4　东关街

3.3　人文概况

扬州传统特色文化有着辉煌灿烂的历史。由于扬州在中国历史上的独特地位,使扬州传统特色文化,以其出类拔萃的姿态,在相当程度上成为中国古代文化中的一面旗帜,载入中国文化史册。

扬州传统文化源远流长,博大精深,是这座国家历史文化名城得以名扬四海的主要缘由。在扬州传统文化中,传统特色文化占有重要的位置。所谓扬州传统特色文化,是指扬州传统文化中那些历代得以不断传承和发展的、最具独特地方色彩和风格的文化成分。它的内容无疑十分丰富,无论是历史上的灿烂辉煌,还是现在的绚丽多彩,都成为扬州的骄傲和自豪。

3.3.1　文士辈出

古代扬州,雄踞江淮中心,南北货物在这里转输,南北文化也在这里融合。因其兼容南北的吸纳功能,使扬州经济繁荣文化沉淀丰厚,才士辈出,人文荟萃。东汉初,辞赋家陈琳,是史籍记载的广陵最早的文学家。汉代的另一个辞赋家、吴王刘濞的侍从枚乘,在其作品《七发》中描绘了广陵"曲江观涛"的壮观场面,令人神往。由隋入唐,扬州学者曹宪、李善二人专攻文选,开中国文选学之先河。唐安史之乱后,扬州政治地位上升,经济空前繁荣,朝廷派驻扬州的淮南节度使多为元老重臣或名儒才士,他们在施政之余,或著书立说,或赋诗抒怀,使扬州形成浓厚的崇文风气,文人雅士慕名而至。据清代学者统计,唐代诗人中到过扬州并有作品传世的多达60余人,歌咏扬州的诗篇数以千计。孟浩然、李白(图3-5)、白居易、杜牧、徐凝、张祜等都在扬州留下名篇佳作。李白的"故人西辞黄鹤楼,烟花三月下扬州",成为诗家绝唱。杜牧的"二十四桥明月夜,玉人何处教吹箫",留下千古之谜。扬州籍诗人张若虚赞美家乡的长篇《春江花月夜》,被誉为"以孤篇压全唐"之作。中国第一部记录典章制度的专书《通典》是杜佑在唐代编纂而成。五代宋初的扬州人徐铉、徐锴兄弟校对《说文解字》,为清代扬州学人精研《说文》学奠定了基础。宋代,欧阳修、苏轼先后任扬州知州,在平山堂(图3-6)留下诗文佳话杰出的婉约派词人、"苏门四学士"之一秦观,被苏轼誉为有"屈原、宋玉之才"。元代,扬州成为杂剧南流的传播中心,戏剧活动出现第一次高潮,扬州籍散曲家睢景臣的散曲名篇《高祖还乡》,以辛辣的笔调讽刺了封建帝王刘邦,具有很高的思想性。

明清两代,文士辈出,流派纷呈。施耐庵、汤显祖、王士祯、孔尚任、吴

图 3-5　李白、孟浩然

图 3-6　平山堂

敬梓、曹雪芹、魏源、龚自珍等都与扬州结下不解之缘。特别是康、乾时期，扬州成为东南重镇和文章奥区，诗文书画以及国学研究均蔚为大观，首先是扬州画派（图 3-7）的出现。康、雍年间，扬州画家之多，画风之盛，可北抗京师，南媲吴门。

图 3-7　扬州画派

3.3.2 扬州园林雄秀结合

扬州地处京杭大运河与长江的交汇处，一度成为中国东南地区最重要的商品集散地。交通的繁荣带来经济的繁荣，加上南北文化、南北匠师在这里交流汇合，使扬州园林形成了兼具南方之秀和北方之雄的特质，内涵丰富多彩，形成自身鲜明的个性。在布局上，瘦西湖（图 3-8）集景式的山水长卷、个园（图 3-9）全国孤例的四季假山、何园（图 3-10）蜿蜒曲折的复道回廊都表现出这一刚柔相济的特点。在具体建筑上，建筑的柱础既有北方的"古镜"形式，也有南方的"石鼓"形式，柱的比例也介于南北之间。屋角起翘，虽大都用"嫩戗发戗"，但嫩戗与老戗之间的角度一般在135°~150°之间（苏州一般小于 135°），所以比苏州来得低平，屋脊多用通花脊，比苏州显得厚重（图 3-11~14）。

图 3-8　瘦西湖

图 3-9　个园

图 3-10 何园

图 3-11 片石山房

图 3-12　何园复道回廊

图 3-13　汪氏小苑

图 3-14　扬州园林建筑
风格

扬州自古以"园林甲天下"称胜，扬州园林始于汉初王室苑囿，唐代私家园林兴盛一时，出现"园林多是宅，车马少于船"的特色。清代扬州园林更是盛况空前，影响深远，全城大小园林有一百余处，时有"杭州以湖山胜、苏州以市肆胜、扬州以园亭胜"的说法。

3.3.3　工艺美术灿烂生辉

扬州工艺美术品以历史悠久、品类丰富、技艺精湛、特色鲜明著称于世，产品有漆器(图 3-15)、玉器(图 3-16)、刺绣、金银饰品、剪刻纸、制花、灯彩等多个大类。西汉时期，扬州的漆器、玉器、铜器生产已有相当规模。唐代，扬州的青铜镜、漆器、玉器、绒花等被列为贡品。乾符六年，淮南节

图 3-15　扬州漆器

图 3-16　扬州玉器

图 3-17　扬州木版印刷

度使兼扬州盐铁转运使高骈一次向长安进贡的漆器就达 15 935 件之多。此前的天宝年间,鉴真大师东渡日本,随行人员中就有不少玉作、镂刻、刺绣等方面的工匠,并携带了大量工艺品,对中国文化传播产生了很大作用。明代是创立百宝镶嵌、点螺、剔红雕漆等名贵漆器新品种,形成独特风格的重要时期,扬州在全国独领风骚。清乾隆年间是扬州工艺美术品生产的鼎盛时期,扬州成为全国漆器、玉器、书画装裱、木版印刷(图 3-17)、制花等工艺品的中心产地。

　　扬州其他工艺制品也十分丰富。如著名的扬州剪纸(图 3-18)花样繁多,赏心悦目,曾出现过中国美术大师张永寿创作的《百花齐放》《百菊图》(图 3-19)、《百蝶恋花图》等空前绝后之作,近年张氏之女张慕莉等名家曾多次出国表演,深受欢迎。扬州刺绣历史久远,新中国成立后首创的仿古绣独树一帜,刺绣女工有着将一根丝线"劈"成多根细丝的绝技,作品多次被选为国家礼品和国内外展品。被誉为"不谢之花"的通草花,以假乱真,形神兼备,巧夺天工,曾多次受国务院办公厅委托为中南海特制陈列品。钱宏才的通草菊花与剪纸艺术家张永寿的剪菊、女画家吴砚耕的

图 3-18　扬州剪纸

图 3-19 百菊图

图 3-20 扬州灯彩

画菊,并称为"扬州三菊",遐迩闻名。此外,扬州灯彩(图 3-20)、扬州绒花、扬州玩具等工艺,也都有其辉煌成就。

3.3.4 戏剧曲艺精彩纷呈

扬州自古便是歌吹胜地、戏曲名区,清代更成为全国戏剧演出的一大中心。徽班从扬州进京,使扬州成为京剧的故乡之一。由流行于民间的花鼓戏、香火戏和扬州清曲融汇而成的扬剧(图 3-21),是最具扬州地方

图 3-21　扬剧

特色的剧种,在上海等地有着很大影响,20 世纪 30 年代拥有演出班社几十个、大小剧目近 500 个,在上海、杭州、扬州、镇江、南京一带演出。

　　扬州曲艺演出历来繁盛。清咸丰年间,扬州曲艺艺人数量达 600 人以上,其中评话艺人约占半数。此后,名家辈出,流派纷呈。扬州评话艺术大师王少堂影响巨大,有"看戏要看梅兰芳,听书要听王少堂"之誉。

　　此外,扬州木偶戏(图 3-22)、民歌、民间舞蹈、古琴、古筝等艺术,也都在艺坛上占有重要位置。"广陵琴派"(图 3-23)独树一帜,名播海内外,美国大都会博物馆曾播放广陵琴派代表人物刘少椿的古琴名曲,可见其影响之大。

图 3-22　杖头木偶戏

图 3-23 扬州"广陵琴派"

3.3.5 绝顶技艺巧夺天工

千百年的经济发达与文化繁盛,使扬州聚天下名流,汇四方奇才,各色绝技纷然杂陈,不胜枚举。历史久远的扬州雕版刻印技术驰名中外。自唐宋至元明,扬州雕版印刷业都占有重要地位,到清代,更发展到顶峰。康熙年间,江宁织造兼巡视两淮盐务监察御史曹寅奉旨刊刻的长达900 卷的《全唐诗》,以及《佩文韵府》《全唐文》等,是版本学家公认的精刻本,成为雕版印刷史上的代表作。

1960 年,为了不使我国雕版印刷技艺湮没失传,国务院指示在扬州建立了江苏广陵古籍刻印社,江浙一带散失的古籍版片得以在这里集中、整理和收藏,存版总数达万片(图 3-24)。虽历经"文革"破坏,广陵古籍刻印社(现名广陵书社)恢复后致力于版片的保护和管理,修补了大量残片,目前收藏版片数十万片,具有很高的文物价值、学术价值和经济价值(版片价值数亿元)。雕版印刷被形容为"活化石",扬州古籍刻印被誉为"江苏一宝""江苏一绝"。

扬州的"八刻"技艺颇负盛名。明清之际,扬州雕刻艺术大兴,除木、砖、石、竹等深雕艺术外,浅刻技艺异军突起。浅刻门类有竹刻(图 3-25)、木刻、石刻、瓷刻、砖刻(图 3-26)、骨刻、牙刻、核刻(图 3-27)、贝刻、角刻等,后人统称之为"八刻"。名家黄汉侯等人的作品,方寸之间,既有生动人物,又有山水风光,或动辄容纳数千字的诗文,其精微秀巧,形神兼备,堪称绝艺,为世人惊叹。

图 3-24　扬州古籍刻印

图 3-25　扬州"八刻"之
竹刻

图 3-26 扬州"八刻"之砖刻

图 3-27 扬州"八刻"之牙刻、核刻

3.3.6 学派画派博大精深

扬州学派是形成于清代乾隆、嘉庆时期的重要学术流派,以汪中、焦循、阮元、王念孙、王引之、刘文淇等为代表人物,治经兼及语言文字学,博大精深,在史、文、天算、地理、校勘、目录等学术领域都取得突出成就。其研究成就将乾嘉汉学推向巅峰,并在历史转折时期开启了近代学术之先河。

　　扬州绘画艺术历史悠久,历代不乏名家,清代更臻鼎盛。康、雍、乾时期,名画家云集扬州,画坛空前繁荣。"扬州八怪"成就卓著,影响巨大。近年来,中国画坛对"扬州八怪"的研究日益深入,"八怪"的作品吸引了无数观赏者,"八怪"画的复制品和印刷品畅销海内外,加上新闻媒体的传播,"扬州八怪"以中国画史上杰出群体的形象闻名于世界(图3-28)。

　　扬州传统特色文化的内容十分丰富,维扬美食,扬派盆景(图3-29),扬州建筑(图3-30),扬州民俗、宗教、文物古迹(图3-31)等,也都是其中的重要组成部分。

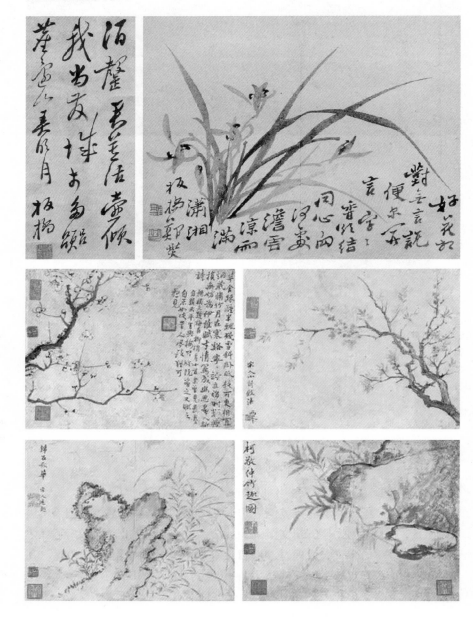

图 3-28 "扬州八怪"
书画

图 3-29　扬州盆景

图 3-30 扬州古建筑

图 3-31　扬州文物古迹

3.4　城市绿地特色

　　扬州既是风景秀丽的风景城,又是人文荟萃的文化城、历史悠久的博物城。这里有中国最古老的运河、汉隋帝王的陵墓、唐宋古城遗址、明清

图 3-32　扬州民居

私家园林等众多的人文景观,秀丽的自然风光,丰富的旅游资源。

　　古朴的城市风貌:古城区城市空间平缓,城市肌理匀质细腻,传统民居(图 3-32)建筑吸取徽派建筑的特点,风格介于北方官式建筑与江南民间建筑之间,造型简洁明朗,古朴典雅,在众多城市中独树一帜。

　　秀丽的城市园林:扬州是著名的园林城市,"春城无处不飞花""绿杨城郭是扬州",整座城市绿荫覆盖,层林尽染。扬州园林与山水相融,风格典雅秀丽,清秀中见雄健(图 3-33)。

图 3-33　扬州园林

图 3-34　扬州书画

图 3-35　扬州戏曲文化

　　多元的城市文化：以文学、书画、戏曲、民间工艺、宗教等代表，城市文化体现出"雅俗共赏、南北交汇、东西兼容"的多元化特征(图 3-34、35)。

　　丰富的历史遗存：扬州留下众多的地上文物古迹和地下文物埋藏。众多的历史遗存反映了扬州的历史文化，同时也丰富了现代扬州人的物质和精神生活。

　　城市绿地特色简要概括为：古、绿、水、文、秀五个方面。

　　古：有 2500 多年建城史的扬州是全国第一批历史文化名城之一，是一座通史型的城市，历史遗存丰富，涉及中国历史的各个朝代，老城区基本保持了古朴的风貌(图 3-36)。

　　绿：自古就有"绿杨城郭是扬州"的佳话，除了绿地数量相对较多之外，蜀冈—瘦西湖景区直接楔入城市中心，形成了自己的特色，护城河保

图 3-36　扬州历史遗存——文昌阁

存了大量乡土树种,形成了独特的城市景观。

　　水:扬州源于"州界水多,水扬波"之意,扬州域内河网纵横,西有登月湖,东临大运河,北倚瘦西湖、邵伯湖,南面长江,"水城共生"是扬州独特的城市形态(图 3-37)。

图 3-37　扬州的"水"

文：扬州文化底蕴深厚，才士辈出，人文荟萃，诗词、文学、书法、绘画、戏曲、雕版、篆刻名家辈出、流派纷呈，文化气息浓厚，物质形态、非物质形态艺术品位较高。

秀：扬州地处南北之间，特定的地理位置造就了扬州绿地南秀北雄的风格。扬州园林自成一派，与山水相融，空间层次收放变换自由，风格典雅秀丽，清秀中见雄健。

3.5　扬州市城市绿地系统景观规划

3.5.1　扬州市绿地系统现状及分析

3.5.1.1　园林绿化发展概述

近年来，紧紧围绕创建国家生态园林城市和建设生态城市的目标，在园林绿化建设中，坚持以河岸绿化、广场绿化、公园绿化、道路绿化为重点，以小区绿化、街心绿化、单位绿化和庭院绿化为补充，按照扩绿地、增绿量、上水平的要求，加大城市生态园林建设和"造绿"工作力度，在城市绿化及环境建设方面取得了较大成果。

3.5.1.2　各类绿地现状分析与评价

至 2014 年底，现有公园绿地 2161.17 hm^2，生产绿地约 496 hm^2，防护绿地 1115 hm^2，附属绿地 3577 hm^2（表 3-1）。中心城区现有人均公园绿地面积 12.88 m^2。公园绿地在数量上较为充足，能基本满足群众活动休闲的要求。

表 3-1　公园绿地现状一览表

序号	公园类型	数量/座	面积/hm^2
1	综合公园(G11)	19	768.64
2	社区公园(G12)	81	203.94
3	专类公园(G13)	46	339.34
4	带状公园(G14)	57	768.43
5	街旁绿地(G15)	78	80.82
	合计	281	2161.17

附属绿地，包括道路绿地、单位绿地、居住绿地等。扬州市道路绿地建设质量高，绿化效果好，绿地率高，但是从整个规划范围来看，道路绿化水平参差不齐，尚待提高。各单位、居住区建设有了长足的进步，涌现出一批园林式单位、园林式居住区，但由于种种原因，其整体发展水平尚欠

统一。

中心城区现有生产绿地面积为约 496 hm²。生产绿地分布范围相对较广,有一部分管理良好,苗木生长旺盛,但总体生产绿地特色不突出,物种、搭配以及龄级结构多样性差,尚需进一步规范、科学、合理的分区生产。

现有防护绿地 1115 hm²,主要包括沿江高等级公路防护林带、长江防护林带、西北外环线防护林带、古运河防护林带、京杭大运河防护林带、瓜洲分区防护林带、宁启铁路防护林等。目前,河流防护效果较好,多样性指数高,乔木、灌木、地被合理搭配。

1)公园绿地现状分析

中心城区现有公园绿地面积 2161.17 hm²,人均公园绿地面积 12.88 m²。主要有竹西竹溪生态体育公园、润扬森林公园、瓜洲闸公园、瘦西湖风景区、曲江公园、蜀岗西峰生态公园、荷花池公园、茱萸湾公园、个园、何园、扬州烈士陵园等。从公园绿地结构来看,瘦西湖风景区、蜀岗西峰生态公园、茱萸湾公园、体育公园、曲江公园、京杭大运河风光带、古运河风光带、漕河带状公园等,初步构成了城区的公园框架。街头绿地数量多、分布广,使城市面貌有了较大改变,方便居民的休憩活动。

(1)综合公园现状分析与评价

现状:现有综合公园 19 个,包括竹西竹溪生态体育公园、润扬森林公园、瓜洲公园、曲江公园、瘦西湖风景区、蜀冈西峰生态公园等(表 3-2)。

表 3-2 综合公园现状一览表

序号	名称	位置	面积/hm²	类型
1	瘦西湖风景区	扬州古城西北	126.00	市级综合公园
2	明月湖公园	文昌西路与国展路交会处	26.07	市级综合公园
3	润扬森林公园	扬州瓜洲镇	129.41	市级综合公园
4	廖家沟城市中央公园	廖家沟	134.31	市级综合公园
5	荷花池公园	大学南路 105 号	9.90	区级综合公园
6	蜀冈西峰生态公园	平山堂西路 18 号	48.60	区级综合公园
7	曲江公园	文昌路观潮路交叉口	15.86	区级综合公园
8	引潮河公园	百祥路文汇西路交叉口北 200 m	10.03	区级综合公园
9	蝶湖公园	江阳中路以南,扬子江路以西	8.14	区级综合公园
10	扬子津生态公园	扬子江南路	60.00	区级综合公园

续表

序号	名称	位置	面积/hm²	类型
11	人民生态体育休闲公园	江都区运河路与仙女路西北	4.92	区级综合公园
12	京杭之心	文昌东路与京杭大运河交汇处南侧	8.40	区级综合公园
13	香茗湖公园（月亮湾公园）	新城西区	16.44	区级综合公园
14	九龙湖公园	毓秀路	46.50	区级综合公园
15	龙川广场公园	龙川路西侧	9.39	区级综合公园
16	滨江新城公园	Y120 公路南侧	38.34	区级综合公园
17	竹西竹溪生态体育公园	竹西路 30 号邗沟	7.48	区级综合公园
18	广陵产业园公园（河东公园）	广陵区	7.80	区级综合公园
19	星北湖公园	三丰路北侧	61.05	区级综合公园
	合计		768.64 hm²	

分析评价

① 润扬森林公园（表 3-3）

表 3-3　润扬森林公园分析评价表

功能性评价	面积大，服务半径大；位于主干道附近，可达性好；场地较大，设施齐全，服务性好；远离居住区，市民使用率不高
景观性评价	公园功能丰富，是集旅游胜地、休闲园地、度假天地于一体的生态公园，为居民提供了各式的活动场所，场地内部交通设施较好，景观小品艺术性较强；植物种类丰富，配置形式多样，公园位于长江之畔，江面开阔，临江景观壮阔
文化性评价	公园具有良好的自然生态景观及人文资源，强调参与性、知识性、趣味性。由拓展训练营、体验农业园等组成，有一定的文化展示功能，兼具科普教育功能

② 竹西竹溪生态体育公园（表 3-4）

表 3-4　竹西竹溪生态体育公园分析评价表

功能性评价	临近城市主干道，休憩空间古典优雅，休憩设施设置完备，满足休闲、步行的要求，服务性一般；可达性一般
景观性评价	古色古香，文化景观突出；植物种类丰富，配置合理，植物与建筑融合较好；景观特色突出；养护管理较好
文化性评价	传统文化体现较好，空间及地域特色营造到位

③ 瘦西湖风景区(表3-5)

表3-5　瘦西湖风景区分析评价表

功能性评价	位于城市中心,面积较大,生态效益较好;位于交通枢纽地段,可达性好;经济效益可观
景观性评价	瘦西湖沿岸景观效果好,历史性建筑文化小品多,桥多;绿化植被种类丰富、配置合理;乔木、灌木、草本配置合理,覆盖率高,花卉品种丰富;局部地形略有起伏,景观特色突出;养护管理较好
文化性评价	人文景观较为丰富,古迹等景观元素将传统文化融入扬州历史文化,营造地域特色,凸显浓郁的瘦西湖风景名胜文化内涵

④ 荷花池公园(表3-6)

表3-6　荷花池公园分析评价表

功能性评价	面积适中,服务半径较大;历史文化表达突出;邻近城市主、次干道,可达性较好,市民参与性较高;植物长势旺盛,绿量大;设施较齐全
景观性评价	空间变化丰富,水域宽阔;植物种类丰富,配置形式多样;绿化、园路、人桥交相辉映,景观视觉性良好;文化景观突出,养护管理较好
文化性评价	水面与亭廊、植物结合,营造荷花池特色休憩空间,历史文化主题较突出,影园遗址保护较好

⑤ 曲江公园(表3-7)

表3-7　曲江公园分析评价表

功能性评价	硬质景观较多,可达性好;休息设施很少,照明设施较好,功能性较弱
景观性评价	以水景强调轴线;缺乏开敞—半开敞—封闭的景观变化;硬质景观多,但硬质景观养护一般;植物种类较为单一,造景缺乏层次性
文化性评价	场地文化性不突出,没有很好的体现;历史底蕴需要进一步挖掘

(2)社区公园现状分析与评价

现状:现有的社区公园绿地有新盛揽月河开放式体育休闲公园、连运小区公园绿地、康乐广场社区公园、海德公园等,面积203.94 hm²(表3-8)。

表3-8　主要社区公园现状一览表

序号	名称	位置	面积/hm²	类型
1	新盛揽月河开放式体育休闲公园	揽月河	3.10	居住区公园
2	连运小区公园绿地	连运小区	2.00	居住区公园
3	杭集镇三笑花苑游园	杭集镇三笑花苑	4.50	居住区公园

续表

序号	名称	位置	面积/hm²	类型
4	海德庄园社区公园	海德庄园	3.35	居住区公园
5	万豪西花苑社区公园	万豪西花苑	4.32	居住区公园
6	和昌森林湖社区公园	和昌森林湖	5.04	居住区公园
7	蓝山庄园社区公园	蓝山庄园	6.98	居住区公园
8	华建雅筑社区公园	华建雅筑	4.82	居住区公园
9	智谷华府社区公园	智谷华府	2.15	居住区公园
10	宏溪新苑社区公园	宏溪新苑	11.11	居住区公园
11	盐厅子社区公园	盐厅子	3.35	居住区公园
12	朱家庄社区公园	朱家庄	4.92	居住区公园
13	大张庄社区公园	大张庄	6.88	居住区公园
14	杉湾花园社区公园	杉湾花园	3.63	居住区公园
15	运河人家社区公园	运河人家	5.81	居住区公园
16	九龙湾润园公园	九龙湾润园	2.90	居住区公园
17	大薛庄社区公园	扬溧高速与春江路交叉口南侧	0.82	居住区公园
18	世纪花园	龙川北路以西	0.85	居住区公园
19	龙川盆景艺苑	龙川盆景艺苑	3.53	居住区公园
20	宝带小区游园	宝带小区	3.50	小区游园
21	康乐广场社区公园	康乐小区	1.56	小区游园
22	海德公园	海德庄园	1.50	小区游园
23	东方百合园	东方百合	1.74	小区游园
24	翠岗小区游园	翠岗小区	0.72	小区游园
25	四季园小区游园	四季园小区	1.31	小区游园
26	栖月苑	栖月苑	2.10	小区游园
27	莱福花园	莱福花园	1.50	小区游园
28	石油新村游园	石油新村	1.15	小区游园
29	依云城邦小游园	依云城邦	0.80	小区游园
30	梅香苑	梅香苑	1.85	小区游园
31	新城花园	新城花园	1.20	小区游园
32	玉盛公园	玉盛公园	1.16	小区游园
33	连运小区游园	连运小区	1.60	小区游园

续表

序号	名称	位置	面积/hm²	类型
34	梅花山庄	梅花山庄	1.63	小区游园
35	文昌花园	文昌花园	2.24	小区游园
36	三笑花苑	三笑花苑	4.50	小区游园
37	桑北新村公园绿地	桑北新村公园	1.50	小区游园
38	学府苑游园	学府苑	0.50	小区游园
39	武塘小区游园	武塘小区	0.30	小区游园
40	梅岭花园游园	梅岭花园	0.60	小区游园
41	世纪康城	世纪康城	3.94	小区游园
42	长江国际花园	长江国际	2.66	小区游园
43	建民路南小区	建民路南	1.21	小区游园
44	瘦西湖新苑农贸市场	瘦西湖新苑农贸市场	4.00	小区游园
45	古韵新苑小游园	古韵新苑	3.30	小区游园
46	中海玺园游园	中海玺园	5.30	小区游园
47	景岳云和小游园	景岳云和	1.30	小区游园
48	杉湾花园小游园	杉湾花园	4.00	小区游园
49	江南佐岸游园	江南佐岸	2.00	小区游园
50	头桥红平小区小游园	头桥红平小区	5.30	小区游园
51	瘦西湖安置区游园	瘦西湖安置区	8.80	小区游园
52	锦官名邸绿地	锦官名邸	0.47	小区游园
53	世纪豪园绿地	世纪豪园	3.00	小区游园
54	香江滨江园	香江滨江	0.86	小区游园
55	中远依云郡游园	中远依云郡	0.75	小区游园
56	世纪康城游园	世纪康城	0.95	小区游园
57	三元广场游园	三元广场	1.10	小区游园
58	南苑二村游园	南苑二村	1.80	小区游园
59	欧罗巴广场	欧罗巴广场	3.70	小区游园
60	长江路游园	长江路	2.00	小区游园
61	友谊花园	友谊花园	4.40	小区游园
62	世纪家园游园	世纪家园	2.30	小区游园
63	蓝山庄园游园	蓝山庄园	1.30	小区游园
64	绿地上方公馆小游园	绿地上方公馆	1.68	小区游园

续表

序号	名称	位置	面积/hm²	类型
65	扬大游园	扬州大学	3.72	小区游园
66	高桥村小游园	高桥村	1.49	小区游园
67	鸿福三村小游园	鸿福三村	0.61	小区游园
68	瘦西湖名苑小游园	瘦西湖名苑	0.26	小区游园
69	三和小游园	三和	2.68	小区游园
70	童家庄小游园	童家庄	0.99	小区游园
71	长安路小游园	长安路	3.03	小区游园
72	天顺花园小游园	天顺花园	2.39	小区游园
73	骏和天城小游园	骏和天城	0.67	小区游园
74	颐庄新村小游园	颐庄新村	0.58	小区游园
75	文昌花园小游园	文昌花园	1.02	小区游园
76	兴扬小游园	兴扬小区	0.75	小区游园
77	鸿泰家园小游园	鸿泰家园	0.76	小区游园
78	湾头小游园	湾头	1.22	小区游园
79	运东小游园	运东	0.46	小区游园
80	任家庄小游园	任家庄	2.50	小区游园
81	世纪尊园小游园	世纪尊园	1.67	小区游园
合计			203.94 hm²	

分析评价

① 瘦西湖名苑小游园（表 3-9）

表 3-9　瘦西湖名苑小游园分析评价表

系统性分析	绿地分布集中，对绿地系统的绿地总量有一定的补充。小区新建，绿地建设质量较好
景观性评价	景观在竖向上有一定的变化，居住区景观效果明显，景观小品新建，效果良好，有一定的服务功能；植物品种多样，配置层次丰富，季相变化明显，养护效果较好
功能性评价	中心呈序列轴线状，以楼间绿地为主，入口处设有活动中心，其余小场地提供健身设施以供居住人群使用

② 四季园小区公园（表 3-10）

表 3-10　四季园小区公园分析评价表

系统性评价	绿地分布集中，对绿地系统的绿地总量有一定的补充，绿地建设质量一般

续表

景观性评价	小品设施较老,楼旁树池等小品的设置为居民提供一定的休憩空间。具有景观特色,植物品种多样,配置层次一般,季相变化一般,养护效果一般
功能性评价	面积适中,临近城市主要道路,可达性好,设施较齐全;使用率较高

（3）专类公园现状分析与评价

现状:中心城区现有主要专类公园 46 个,现状面积 339.34 hm²,主要有个园、笔架山风景区、烈士陵园等(表 3-11)。

表 3-11 专类公园现状一览表

序号	名称	位置	面积/hm²	类型
1	体育公园	文昌西路真州北路交叉口	15.02	体育公园
2	博物馆	文昌西路	4.01	纪念性公园
3	茅山公墓	北郊小茅山友谊路	0.60	墓园林地
4	宋夹城生态体育公园	宋夹城	48.00	遗址公园
5	大明寺	蜀冈中峰	28.00	寺庙公园
6	烈士陵园	大明寺东侧	2.43	纪念性公园
7	观音山禅寺	观音山	2.50	寺庙公园
8	重宁寺	重宁南巷与长征路西北部	1.50	寺庙公园
9	西园曲水	新北门桥至大虹桥北城河北岸	5.00	盆景园
10	红园	新北门桥至老北门路	2.20	休闲公园
11	史可法纪念馆	史可法路与丰乐上街西北部	4.00	纪念性公园
12	个园	东关街	3.56	历史名园
13	仙鹤寺	汶河南路	0.18	寺庙公园
14	何园	徐凝门街	1.19	历史名园
15	普哈丁墓园	城东古运河东岸	1.50	纪念性公园
16	二分明月楼	广陵路	0.10	历史名园
17	小盘谷	丁家湾	1.33	历史名园
18	文津园	汶河北路	1.70	休闲公园
19	肯特园	石塔桥南	0.20	纪念性公园

续表

序号	名称	位置	面积/hm²	类型
20	高旻寺	仪扬河与古运河交汇处西南	32.02	文化公园
21	瓜洲古渡公园	古运河下游与长江交汇处	5.70	纪念性公园
22	唐罗城北墙遗址	平山堂东路	4.60	遗址公园
23	烈士陵园（江都）	江都区仙女镇通联路	8.13	纪念性公园
24	仙女生态中心体育休闲公园	江都区公园路	0.82	历史名园
25	少年宫公园	南通西路	1.33	儿童公园
26	引江滨河体育休闲公园	江都区	54.18	体育公园
27	龙川体育公园	龙川广场公园旁	3.66	体育公园
28	汪氏小苑	东圈门历史街区	0.28	历史名园
29	隋炀帝墓考古遗址公园	邗江路与台扬路交叉口	13.58	遗址公园
30	文化公园	金湾路与金湾河交汇处	0.53	休闲公园
31	卢氏盐商住宅	康山街康山文化园旁	0.64	历史名园
32	琼花观	文昌中路琼花观街	1.28	历史名园
33	吴道台府	泰州路旁	0.84	历史名园
34	壶园	东圈门	0.46	历史名园
35	扬州盆景园	蜀冈-瘦西湖风景区内	2.04	盆景园
36	旌忠寺	汶河路文昌阁附近	0.26	历史名园
37	东门遗址	泰州路与东关街交汇处	0.99	纪念性公园
38	蔚圃	皮市街风箱巷	0.17	历史名园
39	梅花书院	广陵路	0.12	历史名园
40	街南书屋	东关街	0.80	历史名园
41	春江湖公园	春江湖周边	14.33	主题公园
42	生态之窗公园	东区七河八岛	16.60	体育休闲公园
43	茱萸湾公园	茱萸湾	51.46	动物园、植物园
44	天宁寺	丰乐上街	0.59	寺庙园林
45	卢氏盐商宅第	1912街区	0.61	历史名园
46	准提寺	盐阜东路	0.30	寺庙园林
合计			339.34 hm²	

分析评价

① 史可法纪念馆(表3-12)

表3-12　史可法纪念馆分析评价表

功能性评价	面积适中,服务半径较大;两侧紧邻主干道,可达性好;具备休闲设施,服务性好;使用率较高
景观性评价	公园地势平坦,空间开阔,园内亭廊架等小品外观质朴,位置适当,同时设有多处主题雕塑,对公园气氛的营造有积极作用,景观特色突出;植物配置营造出庄严肃穆的氛围,形成树茂草丰的复合植物群落,植物材料应用好;养护管理好
文化性评价	主题明确,展现了扬州的爱国主义文化,同时也是扬州的爱国主义教育基地

② 大明寺(表3-13)

表3-13　大明寺分析评价表

功能性评价	活动场地面积较小,设施齐全,服务性一般;使用率较高
景观性评价	设计简单,空间单一,植物种类较丰富,乔木、灌木、草本搭配形式简单,养护一般
文化性评价	以寺庙文化为主,对扬州本地文化的表达良好

③ 个园(表3-14)

表3-14　个园分析评价表

功能性评价	面积较小,邻近城市干道和商业步行街,可达性较好;服务性一般;集文化、旅游、休憩等多种功能为一体,市民使用率一般;经济效益较好
景观性评价	绿化植被种类丰富、尤以竹类为特色,植物配置合理;植物空间层次丰富,立面形式多样;乔木、灌木、草本配置合理,覆盖率高;假山石为园中最佳;养护管理较好
文化性评价	人文景观较为丰富,山石、古迹、植物等景观元素融为一体,古典园林特色明显,凸显浓郁的文化内涵

④ 何园(表3-15)

表3-15　何园分析评价表

功能性评价	布局紧凑,园中建筑各具特色,空间围合形式多样,满足休闲、步行的要求,服务性一般;可达性一般
景观性评价	空间呈序列轴线变化,竖向空间景观形式多样;配置形式呈线形;景观视觉性良好;养护管理较好
文化性评价	展现本地家族文化,是对何家及扬州文化的保护与传承

⑤ 小盘谷(表 3-16)

表 3-16　小盘谷分析评价表

功能性评价	没有与主、次干道有效连通,可达性不高,环境幽静;很少有休息设施,半宅半园,少有景观性廊架和休憩场所,参与性不高
景观性评价	植物景观郁闭度高,景观变化明显;竖向层次分明,景观能形成整体,视觉效果较好;植物种类较为丰富,配置合理;植物养护管理较好
文化性评价	场地特色体现明显,历史底蕴发掘较好

⑥ 西园曲水(表 3-17)

表 3-17　西园曲水分析评价表

功能性评价	面积适中,服务半径合理;邻近城市次干道,可达性较好,市民参与性较高;休憩设施齐全,服务性较好
景观性评价	空间变化丰富,盆景多样丰富;绿化、园路、景墙、建筑结合较好,景观形式丰富,视觉性良好;植物种类较为丰富,配置形式多样;养护管理较好
文化性评价	体现了扬州独特的盆景文化、古典特色的休憩空间,文化主题较突出

⑦ 烈士陵园(表 3-18)

表 3-18　烈士陵园分析评价表

功能性评价	面积较大;邻近城市次干道,可达性较好,市民参与性较高;休憩设施一般
景观性评价	空间呈序列轴线变化,竖向空间景观形式多样;植物种类以松柏为主,配置形式呈线形;景观视觉性良好;养护管理较好
文化性评价	纪念文化主题较突出,竖向空间变化明显,景观气氛肃穆庄严

⑧ 瓜洲古渡公园(表 3-19)

表 3-19　瓜洲古渡公园分析评价表

功能性评价	服务半径一般;可达性好;内部流线组织较好,服务设施齐全;市民使用率一般
景观性评价	公园地势平坦,以文化展示为主,为扬州居民提供了各式的活动场所,各分区连接通达性好,景观小品艺术性较强。植物因地制宜,植物种类丰富,植物材料应用较好;养护管理较好
文化性评价	公园着力于展现古都文化,运河文化

（4）带状公园现状分析与评价

现状:带状公园主要分为沿河绿带和沿路绿带,主要包括古运河风光带、京杭大运河风光带、护城河滨河绿带、七里河林荫带、黄泥沟滨河绿带等，现状面积 768.43 hm²（表 3-20）。

表 3-20 带状公园现状一览表

序号	名称	位置	面积/hm²
1	京杭大运河风光带	江扬大桥至扬州大桥两侧	45.00
2	古运河风光带	古运河两侧	81.00
3	小秦淮河	小秦淮河两侧	4.19
4	二道河	二道河两侧	4.50
5	七里河林荫带	七里河两侧	3.53
6	护城河滨河绿带	护城河北侧	2.76
7	新城河绿化带	新城河两侧（江阳中路以北段）	4.46
8	吕桥河滨河绿带	吕桥河两侧	0.10
9	长河滨河绿带	长河两侧	0.73
10	蒿草河滨河绿带	蒿草河两侧	2.30
11	杨庄河滨河绿带	扬庄河两侧	0.53
12	邗沟滨河绿带	邗沟河北侧	5.22
13	漕河滨河绿带	漕河两侧	7.50
14	仪扬河滨河绿带	仪扬河从西银河至吕桥河段的北侧	8.14
15	沿山河滨河绿带	沿山河两侧	10.80
16	黄泥沟滨河绿带	黄泥沟两侧	12.30
17	邗沟滨河绿带	邗沟河南侧	7.00
18	玉带河滨河绿地	玉带河西侧	0.32
19	河滨公园带状绿地	河滨公园	10.58
20	新通扬运河滨河绿地	新通扬运河	48.40
21	龙桥河滨河绿地	龙桥河	1.70
22	站南路沿河风光带	站南路沿河两侧	6.20
23	引潮河绿带	引潮河两侧	10.70
24	灰粪港东线绿带	灰粪港左侧	2.10
25	四望亭河绿带	翠岗路北侧	1.50
26	沿山河风光带	沿山河两侧	2.88
27	揽月河风光带	揽月河两侧	6.22
28	荷叶水库绿带	荷叶西路和荷叶东路东侧	11.90
29	台扬路绿带	台扬路	6.23

续表

序号	名称	位置	面积/hm²
30	西河湾绿带	邗江区	5.62
31	唐子城河绿化带	平山堂东路北侧	15.00
32	念四河绿带	杨柳青路南侧	5.25
33	宝带河绿带	念四桥路西侧	2.92
34	瘦西湖绿带	平山堂东路南北两侧	26.29
35	上方寺路绿带	上方寺路南侧	7.30
36	沙施河滨河绿带	观潮路西侧	11.82
37	沙河滨河绿化带	运河东路南侧	4.87
38	文昌东路滨河绿化带	文昌东路南北两侧	26.39
39	运河东路滨河绿化带	运河东路南北两侧	6.67
40	团结河滨河绿化带	嘉苑路南侧	49.06
41	沙湾路绿化带	沙湾路东侧	6.44
42	曙光路绿化带	曙光路东侧	14.26
43	小芒河滨河绿化带	沟东路西侧	21.00
44	通运滨河绿化带	通运路西侧	4.25
45	团结桥绿化带	团结桥南北两侧	12.36
46	东花园滨河绿带	东花园小学西侧	8.14
47	九龙花园绿化带	九龙路东西两侧	28.68
48	明月湖路绿化带	明月湖路南侧和西侧	38.64
49	同泰路绿化带	同泰路南侧	14.45
50	西银沟绿化带	西银沟两侧	33.50
51	赵家支沟绿化带	赵家支沟两侧	11.41
52	二桥河桥绿化带	二桥河桥东侧	9.59
56	廖家沟风光带	廖家沟两侧	89.71
57	高水河带状公园	高水河西侧	6.02
	合计		768.43

分析评价

① 古运河风光带（表 3-21）

表 3-21　古运河风光带分析评价表

功能性评价	面积较大，邻近城市主、次干道，可达性好；沿河道两侧修建滨河广场、亲水平台、园林小品，服务性好；集文化、旅游、休憩、服务等多种功能为一体，市民使用率较高

续表

景观性评价	绿化植被品种丰富、配置合理;植物空间层次丰富,立面形式多样;乔木、灌木、草本配置合理,覆盖率高,局部地形略有起伏,景观特色突出;养护管理较好
文化性评价	人文景观较为丰富,设置浮雕、景墙、古迹等景观元素,融入扬州历史文化,营造地域特色,凸显浓郁的古运河文化内涵

② 京杭大运河风光带(表3-22)

表3-22　京杭大运河风光带分析评价表

功能性评价	内部道路完善,有集中分布的休憩广场,设置完备的休憩设施与照明设施,满足休闲、步行的要求,服务性好;可达性有待加强
景观性评价	运河两侧绿化建设结合自然地势、地貌,顺坡、顺水,采用近自然的水岸绿化模式;植物种类丰富,配置合理;湿地生态景观特色突出;养护管理较好
文化性评价	能在一定程度上展现本地文化,但缺乏对运河文化的保护与传承

③ 护城河滨河绿带(表3-23)

表3-23　护城河滨河绿带分析评价表

功能性评价	没有与主、次干道有效连通,可达性不高;很少有休息设施,亲水平台设置较少,几乎没有景观性廊架和休憩场所,参与性不高
景观性评价	植物景观郁闭度高,缺乏开敞—半开敞—封闭的景观变化;景观比较零散,关联性不强,不能形成整体;植物种类较为单一,造景缺乏层次性和景观深度;植物养护管理较好
文化性评价	场地文脉没有很好的体现,历史底蕴还需要进一步发掘

④ 漕河滨河绿带(表3-24)

表3-24　漕河滨河绿带分析评价表

功能性评价	面积适中,服务半径较大;邻近城市主、次干道,可达性较好,市民参与性较高;休憩设施齐全,服务性较好
景观性评价	空间变化丰富,水域景观形式多样;植物种类较为丰富,配置形式多样;绿化、园路、卵石滩、围墙、人行木桥交相映衬,景观视觉性良好;养护管理较好
文化性评价	自然式水系与亭廊、植物结合,营造江南水乡特色的休憩空间,文化主题较突出

(5)街旁绿地现状分析与评价

现状:中心城区现状建有街旁绿地78处,总面积80.82 hm²,主要有文昌广场、江陵花园、建设局门前绿地、汊河镇农民公园、廉政广场等(表3-25)。

表 3-25　街旁绿地现状一览表

序号	名称	位置	面积/hm²
1	文昌广场	文昌路	3.00
2	跃进桥游园	跃进桥	0.60
3	荷花池三角园	荷花池	0.10
4	解放北路街头绿地	解放北路	0.40
5	附中北侧绿地	附中北侧	0.45
6	江陵花园	文昌中路	0.10
7	大桥公园	文昌东路	23.00
8	珍园门前绿化	珍园	0.05
9	石狮桥口绿地	石狮桥	0.10
10	轻工学校门前绿地	轻工学校	0.03
11	建设局门前绿地	建设局	0.05
12	邗城广场	邗城广场	1.64
13	来鹤台广场	来鹤台广场	2.25
14	文昌西路街头绿地	文昌西路	7.80
15	树人苑	树人苑	2.00
16	汉河镇农民公园	汉河镇	3.10
17	蒋王镇市民公园	蒋王镇	2.00
18	杭集镇匝道广场	杭集镇	3.50
19	世纪广场	世纪广场	4.50
20	南绕城出入口景观公园	南绕城入口广场	3.25
21	查报站小游园	查报站	0.07
22	楼外楼及西沙河小游园	楼外楼	0.14
23	日报社小游园	日报社	0.19
24	开发路小游园	开发路	0.21
25	红旗河小游园	红旗河	0.16
26	东门遗址广场	泰州路	1.20
27	北门遗址广场	瘦西湖路与新万福路交叉口	2.00
28	杨庄街旁游园	杨庄	0.98
29	廉政广场	廉政广场	1.65
30	平山园艺苑	平山园艺	0.30
31	平山小星塘路边	平山小星塘	0.40

续表

序号	名称	位置	面积/hm²
32	堡城东花园	堡城东花园	3.30
33	冶春花园	冶春花园	0.90
34	市政府西侧绿地	市政府	0.12
35	江淮之都游园	江淮之都	1.67
36	龙川二桥游园	龙川二桥	0.34
37	大会堂绿地	大会堂	0.07
38	仙鹤遐龄绿地	仙鹤遐龄	0.74
39	龙城苑绿地	龙城苑	0.31
40	芳园	芳园	0.11
41	双亭广场	双亭广场	0.23
42	锦都广场绿地	锦都广场	0.08
43	西山苑	西山苑	0.80
44	蓝天娱乐城绿地	蓝天娱乐城	0.06
45	新区行政服务中心绿地	新区行政服务中心	0.04
46	商品市场花圃	商品市场	0.02
47	城北入口处绿地	城北入口	1.51
48	三友园绿地	三友园	0.42
49	机关幼儿园绿地	机关幼儿园	0.14
50	仙女游园	仙女游园	1.20
51	新都路大转盘外绿地	新都路大转盘	4.26
52	东方广场绿地	东方广场	0.04
53	鑫都广场绿地	鑫都广场	0.02
54	仙女桥绿地	仙女桥	0.09
55	施桥花木场	施桥花木场	2.00
56	产业园公园	产业园	4.27
57	琼花园	文昌路与大学北路交叉口	0.10
58	四望亭路街心花园	四望亭路	2.50
59	西门遗址广场	四望亭路	0.50
60	施井街旁小游园	施井路与京杭大运河交叉口	1.19
61	梅岭西路小游园	瘦西湖路与梅岭路交叉口	0.47
62	玉器街小游园	玉器街与史可法东路交叉口	0.48

续表

序号	名称	位置	面积/hm²
63	施井北巷小游园	城东路施井村	0.61
64	老虎山路小游园	史可法路与老虎山路交叉口	0.45
65	东圈门街旁小游园	国庆路与文昌路交叉口东圈门边	0.09
66	江都南路小游园	武警江苏总队医院东侧	0.69
67	安康北苑街小游园	安康路与江都路交叉口	1.02
68	城庆广场绿地	文昌东路	2.23
69	维扬路街头小游园	维扬路邗江地税局纳税服务局边	1.29
70	师姑塔运动休闲游园	邗江区	4.30
71	新城公路街旁绿地	江都区大桥镇新城公路北侧	1.07
72	徐家庄绿地	S336 收费处附近	1.32
73	龙川南路与文昌东路西南角绿地	龙川南路与文昌东路西南角	0.23
74	黄河路与文昌东路西南角绿地	黄河路与文昌东路西南角	0.14
75	龙川南路与文昌东路东南角绿地	龙川南路与文昌东路东南角	0.32
76	广州路与文昌东路西北角绿地	广州路与文昌东路西北角	0.40
77	鱼尾狮游园	新加坡花园东侧	0.61
78	浦江路与黄河路交口绿地	浦江路与黄河路	0.54
	合计		80.82

分析评价

① 文昌广场(表 3-26)

表 3-26　文昌广场分析评价表

功能性评价	尺度合宜,面积适中,服务半径较大;邻近城市主、次干道,可达性好,较好地联系了周边商业用地和居住用地
景观性评价	公园设计流畅简洁,主广场开敞,铺地材料健康环保;植物种类较单一,配置形式简单,植物材料应用一般;养护管理一般
文化性评价	景观特色较好,较能体现和烘托城市历史文化

② 世纪广场(表 3-27)

表 3-27　世纪广场分析评价表

功能性评价	面积较小,服务半径小,可达性高。包含体育运动场地,林下游步道较长,休憩设施较完善
景观性评价	中心主题小品体量、位置得当,与草木相映成趣。植物配置,植物养护管理较差。硬质施工管理以及后期维护较差
文化性评价	入口广场文化主题较为突出

③ 开发路小游园（表 3-28）

表 3-28 开发路小游园分析评价表

功能性评价	面积较小，服务半径较小；临近城市主干道与支路，可达性较好；缺乏相应的休闲设施，服务性一般；文化纪念性较强
景观性评价	具有起伏变化的地形，景观符合宅地建筑风格；绿量适中，植物种类较丰富，植物材料应用较好，养护好
文化性评价	主题突出，较好地展现和传承了本地文化

2）生产绿地现状分析

（1）现状

生产绿地指为城市绿化提供苗木、花草、种子的苗圃、花圃、草圃等圃地。扬州市中心城区现有生产绿地（苗圃）28 个，面积约 496 hm^2。扬州市中心城区内生产绿地主要有扬子津苗圃、畅博彩色园林公司、曹王花木市场等。

（2）分析评价

① 优势　总体规模较大，面积、品种、数量、质量能够满足城市发展的需要。紧邻道路，交通便利，部分苗圃还与农田和果园毗邻，与周边环境较为协调、统一。为城市绿化提供了更为宽广的选择空间。

② 不足　植物群落的结构简单。

③ 科研状况　苗圃作为城市绿化的生产与科研基地，没有得到很好的规划与控制，形成了一定规模。在规划时应提高苗圃的标准，着力建立一个设计、育苗、推广一条龙的服务体系。这样既能促进园林绿化设计在植物配置上推陈出新，较多地使用新品种、新类型，使园林绿化富有特色，又能保证园林苗圃的发展具有长远观念和超前意识。

3）防护绿地现状

（1）现状

防护绿地是城市中具有卫生、隔离和安全防护功能的绿地。中心城区现有防护绿地 57 处，主要为宁启铁路防护林、古运河防护林带、京杭大运河防护林带等，总面积约 1115 hm^2。

（2）分析评价

防护绿地现状具体分析如下：

优势：扬州市的防护绿地建设基础较好，特别是城市主干道、城郊河流和各干渠有较大面积的防护林，树木的长势较好，林带有一定的宽度。

不足：

① 城市外围缺乏较大面积的防护绿地。城市外围的防护绿地没有形成体系，新建的道路周边没有合格的防护绿地。应加强河道、铁路、水

网、交通干道防护林带的建设。建议在考虑功能的基础上，注重物种和景观的多样性，营造一道具有防风固沙、净化大气、保护水土功能的园林景观防护林。

② 高压走廊的界限不明确，未形成具体防护绿带，应加强其防护绿化。

③ 防护林带时断时续，有些地段树木为新栽种的幼苗或树木长势不佳，防护效果差。建议防护林带的幼苗与成年树木、速生树种与慢生树种相结合保证防护林带在不同时段的防护功能。防护林带的树种单一，多样性指数低，水源保护效果不佳。基本都是单种栽植或者单纯组合模式，缺少复层结构，乔木、灌木、草本搭配不合理，缺少地被植物。规划时应考虑乔木、灌木、地被植物相互结合，形成稳定的植物群落，并形成色相变化丰富的、多层次的立体种植体系。

④ 河流、干渠的防护林不成体系，且随着城市建设沿河两岸有必要保留较大面积的防护林。建议把部分地理位置好的地段的防护林带作为生态公园绿地开发建设，兼顾防护功能，同时利用河与树形成较好的景观，在日后的规划中可充分加以显露。

4）附属绿地现状

附属绿地主要指城市建设用地中绿地之外各类用地中的附属绿化用地，现状附属绿地按三大类统计：居住区附属绿地、单位附属绿地、道路附属绿地，现状总面积约 3577 hm^2，其中单位附属绿地面积 529 hm^2，居住区附属绿地面积 392 hm^2，道路附属绿地面积 2656 hm^2（表 3-29）。

表 3-29　附属绿地现状一览表

序号	类型	面积/hm^2
1	居住区附属绿地	392
2	单位附属绿地	529
3	道路附属绿地	2656
	合计	3577

（1）居住区附属绿地现状

现状：居住区绿化是城市园林绿地系统中的重要组成部分，是改善城市生态环境的重要环节。居住区绿地是城市点、线、面相结合中的"面"上绿化的一环，面广、量大，在城市绿地中分布最广、最接近居民、最为居民所经常使用，为人们创造了富有生活情趣的环境，是居住区环境质量好坏的重要标志。扬州市居住附属绿地总面积约 392 hm^2。

分析评价

① 京华御景苑(表 3-30)

表 3-30 京华御景苑分析评价表

系统性评价	绿地分布集中,是对绿地系统的绿地总量的补充
景观性评价	小区各建筑外立面采用各种古典结合现代艺术流派的处理手法,具有景观特色,植物品种多样,配置层次丰富,富有季相变化,宅前屋后皆以绿化围合,养护效果好,为居民营造了一个舒适宜人的居住环境
功能性评价	周边交通便捷,可达性好;中心活动广场内设施完善;临近中央水景公园,便于居民休闲娱乐

② 兰香苑(表 3-31)

表 3-31 兰香苑分析评价表

系统性评价	绿地分布较为分散,绿地建设质量有待提高
景观性评价	小区建设年代久远,景观性较差,绿地养护不足
功能性评价	交通便捷,可达性好;公共活动空间缺乏,基础设施相对落后

③ 怡景苑(表 3-32)

表 3-32 怡景苑分析评价表

系统性分析	绿地分布集中,整体绿量较为充足
景观性评价	居住区绿化以楼间绿地和小广场为主,形式较为丰富,乔木、灌木、草本层次丰富,绿化养护效果较好
功能性评价	楼间小广场设置有游憩设施且利用率一般;周边有明月湖,便于居民休闲娱乐,配套设施较为完善

④ 九龙湾润园(表 3-33)

表 3-33 九龙湾润园分析评价表

系统性分析	居住区附属绿地分布不集中,但对绿地系统的绿地总量有一定的补充;新小区内树多为移栽,绿量相对不足
景观性评价	现状树多为移栽,暂时没有达到绿化效果,景观设计缺乏特色
功能性评价	设计以楼间绿地为主,景观营造缺乏设计与重心;游憩休闲设施相对缺乏

⑤ 中远欧洲城(表 3-34)

表 3-34　中远欧洲城分析评价表

系统性分析	绿地分布相对集中,是对绿地系统的绿地总量的补充
景观性评价	居住区绿化中所选的植被丰富,不仅植物景观营造效果好,而且别具特色。居住区绿化以楼间绿地和小广场为主,其间设有休憩场地,景观营造符合人们的休闲行为,景观视线良好,绿地内部养护及时
功能性评价	小区设有活动场所,提供健身设施以供居住人群使用,基本满足居民日常使用要求

⑥ 富川瑞园小区(表 3-35)

表 3-35　富川瑞园小区分析评价表

系统性分析	绿地分布较为分散,整体绿量一般
景观性评价	居住区绿化以楼间绿地为主,形式较为丰富,但特色性不强,绿化养护效果一般
功能性评价	游憩设施相对缺乏且利用率不高,照明设施数量不足

(2)单位附属绿地现状

现状:单位附属绿地是由部门或单位投资建设、管理使用的绿地。单位附属绿地的服务对象主要是本单位的员工,虽然一般不对外开放,但它数量多,分布范围广,对城市的绿地系统有着举足轻重的影响。扬州市单位附属绿地面积为 529 hm^2,这些绿地在丰富人们的工作、生活,改善城市生态环境等方面起着重要作用。

分析评价

① 扬州大学瘦西湖校区(表 3-36)

表 3-36　扬州大学瘦西湖校区分析评价表

系统性评价	附属绿地普及率较高,内部绿地与外部其他类型的绿地在景观上有较好的结合,共同作用,形成良好的景观效果
景观性评价	整体环境舒适宜人,空间开阔,为师生营造了一个怡人的校园氛围,并与周围环境很好地融合在一起。植物品种丰富,配置具层次感,养护效果好,季相变化丰富
文化性评价	文化主题明显,体现校园教育文化

② 苏北医院(表 3-37)

表 3-37　苏北医院分析评价表

系统性评价	绿地面积较大,临近城市主、次干道,可达性好。绿地内设施完善
功能性评价	绿地面积较大,临近城市主、次干道,可达性好。绿地内设施完善。病房周围植物种类丰富。可增加专门绿植以吸附细菌
景观性评价	植物种类较丰富,绿量充足,但搭配层次感不足,略显杂乱

③ 田家炳中学(表 3-38)

表 3-38　田家炳中学分析评价表

功能性评价	绿化面积小,临近城市主干道,可达性好。绿地内设施不完善
景观性评价	景观一般
文化性评价	文化主题不明显

④ 江海学院(表 3-39)

表 3-39　江海学院分析评价表

系统性评价	绿化面积大,可达性好
功能性评价	湖面周边较为生态,但缺乏公共活动空间,缺乏养护管理
景观性评价	整体绿化风格协调统一,树木长势良好。植物品种丰富,配置具层次感,但缺乏季相变化
文化性评价	文化主题明显

⑤ 扬州博物馆(表 3-40)

表 3-40　扬州博物馆分析评价表

系统性评价	附属绿地普及率较高,内部绿地与外部其他类型的绿地在景观上有较好的结合,共同作用,形成良好的景观效果,可达性好
景观性评价	树种配置合理,植物养护较好,植物品种丰富,结合景观小品体现出文化特色
文化性评价	文化特色明显

⑥ 扬州市国展中心(表 3-41)

表 3-41　扬州市国展中心分析评价表

系统性评价	以开放式广场与外部环境相联系,内部绿地与道路绿化带在景观上有一定结合,景观效果较好,与扬州博物馆环湖相望
功能性评价	可达性好,公共服务设施较齐全,设置有停车场,符合其公共建筑广场绿地的要求
景观性评价	建筑造型优美,周围以绿化围合,营造宜人的展览空间。植物品种丰富,配置具层次感;养护效果好
文化性评价	文化主题明显

(3) 道路附属绿地现状

现状:现状道路等级分为四级,即快速干道、主干道、次干道、支路。道路附属绿地面积约 2656 hm²。

分析评价:根据现场调查和研究,扬州市道路绿地建设从整个规划范围来看,道路绿化水平参差不齐,尚待提高(表 3-42)。

表 3-42　主要道路分析评价表

序号	道路名称	现状分析	主要树种
1	翠岗路	城市主干道,植物长势一般,视线较为通透,缺乏中层植物,上层植物养护较差,下层较好	金边黄杨、红花檵木、麦冬、法国冬青、红枫、柳树、黄山栾树、香樟
2	百祥路	较好,三板两带,城市支路,植物配置丰富,下层植物配置合理,十字路口交口处植物景观良好,下层植物养护较好,上层略差	香樟、小叶黄杨、金叶女贞、红花檵木、杜鹃、枸骨、金边黄杨
3	文昌中路	植物种植丰富,长势良好,色彩丰富,空间层次突出,文化体现较好,养护较好	黄山栾树、香樟、棕榈、红叶石楠、红花檵木、女贞、金边黄杨、麦冬
4	文昌东路	绿化树种丰富,中央分隔带较宽,植物景观丰富,层次搭配合理,养护较好	黄山栾树、香樟、棕榈、红叶石楠、红花檵木、女贞、金边黄杨、麦冬
5	文昌西路	绿量大,分隔带宽,植物种类丰富,配置合理,空间层次明显,林冠线延绵成线,植物养护较好。但植物色彩略单调,视线通透度有限,文化体现不明显	黄山栾树、香樟、紫叶李、樱花、石楠、红花檵木、雀舌黄杨
6	真州北路	植物种类较为丰富,配置较为合理,一些路段缺乏中间植物层次,视线通透度良好,养护一般,文化体现不明显	黄山栾树、银杏、广玉兰、红花檵木、金边黄杨
7	润扬路	植物配置丰富,造型多样,各季色彩搭配合理,四季常绿,且有色相变化,植物养护较好	柳树、黄山栾树、法国冬青、红枫、金边黄杨、红花檵木、麦冬、广玉兰、香樟、紫薇、大叶黄杨、杜鹃
8	国防路	较差,一板两带,城市支路,仅有上层植物,植物种类单调,配置不合理,养护较差	香樟
9	淮海路	商业路段,法国梧桐高大荫浓,作为机动车与非机动车分隔带,生长良好,整体绿化景观良好,符合周边风格	法国梧桐
10	体育公园路	植物配置较为单调,植物种类较少,缺乏色叶树种,视线通透度良好,养护较好	香樟、黄山栾树、大叶黄杨、红叶石楠、地中海荚蒾
11	广陵路	道路较狭窄,行道树法国梧桐生长较良好,但未配置下层植物,道路景观较杂乱	法国梧桐
12	荷叶西路	植物配置合理,部分路段养护管理较差	广玉兰、红花檵木、红叶石楠
13	蜀岗西路	树种较为单调,植物与周边环境交接一般,养护管理一般	香樟、红花檵木、龙柏

续表

序号	道路名称	现状分析	主要树种
14	蜀岗东路	绿化覆盖率较低,灌木丰富且生长良好,乔木生长较差,且种类单一	香樟、龙柏、红花檵木
15	平山路	整体景观良好,乔灌木配置较好,长势良好,但无色叶树种	香樟、紫叶李、金边黄杨、龙柏、红花檵木
16	双塘东路	灌木生长良好,道路快慢车道间设有分隔带,路侧景观丰富,有层次变化。部分地段较为杂乱、缺乏养护	香樟、龙柏、红花檵木、金边黄杨、大叶黄杨
17	万福西路	城市主干道,景观层次分明,但缺乏变化,总体景观效果不错,绿量较大,养护一般	栾树、红叶石楠、杜鹃、麦冬、法国梧桐
18	维扬路	属古城老街,绿化树种法国梧桐生长良好,景观较好,但中下层植物较为杂乱	栾树、广玉兰、海桐、红花檵木、金叶女贞
19	五里庙路	只有行道树,绿量不足,植物种类单一、养护管理较差	棕榈、广玉兰
20	长安路	城市支路,道路两次多为仿古建筑,植物景观多以种植池的形式出现,绿量较少,养护一般	香樟
21	运河北路	植物景观层次丰富,绿量适中,尚未很好地体现主干道特色,养护一般	香樟、广玉兰、红花檵木、栾树、石楠
22	运河南路	路面较宽,有中央分隔带,植物配置丰富,乔灌比适中,整体景观良好	香樟、广玉兰、红花檵木、栾树、石楠
23	江都路	大体以绿化种植池为主,绿化景观效果一般	水杉、栾树、杨树、法国梧桐、红花檵木、麦冬
24	府西巷	道路景观绿化较为一般,以种植池栽植为主要绿化模式	栾树
25	二里桥路	道路两侧绿量较少,景观效果一般,树形大小不统一,养护较差,缺乏景观小品等	栾树、红花檵木、大叶黄杨
26	丰乐上街	绿量很大,景观优美,植物配置合理大气,不失古城风韵,植物养护较好	雪松、银杏、山茶、小叶黄杨、杜鹃、檵木、麦冬
27	万福东路	绿量很大,景观优美,植物配置合理	栾树、红叶石楠、杜鹃、麦冬
28	泰州路	东临古运河,以行道树为主,有较宽的滨河绿带,景观良好,视线通透,与周边环境融于一体,养护管理较好	栾树、柳树、香樟、红叶石楠、矮生百慕大
29	邗江路	绿化景观良好,灌木绿化有造型,快慢车道间设有分隔带,植物生长良好	香樟、大叶黄杨、红花檵木、海桐

续表

序号	道路名称	现状分析	主要树种
30	新城河路	道路较窄,保留路边原有的垂柳和雪松,以行道树为主	雪松、香樟、小叶黄杨、柳树
31	学士路	城市支路,树木造型一般,养护一般,道路硬质程度高,结合较为粗糙,养护较差	银杏、矮牵牛、报春花
32	盐阜东路	城市主干道,行道树树龄悠久,树大荫浓,形成良好的绿道景观,养护较好	香樟、银杏、夹竹桃、金叶女贞、红花檵木、紫叶李、海桐、海棠、矮牵牛、报春花
33	盐阜西路	城市主干道,行道树树龄悠久,树大荫浓,形成良好的绿道景观,养护较好	香樟、银杏、夹竹桃、金叶女贞、红花檵木、紫叶李、海桐、海棠、矮牵牛、报春花
34	吟月路	城市支路,沿河景观绿带,视线通透、树形良好,形成良好的景观道,养护较好	香樟、广玉兰、桂花、金边黄杨
35	茱萸湾路	城市次干道,植物配置较好,缺乏中层植物,养护管理一般	法桐、杜鹃
36	竹西路	城市次干道,植物配置较好,绿量一般,养护管理一般	栾树、红花檵木、金叶女贞、海桐、小叶黄杨
37	大学南路	景观较好,法国梧桐长势良好,栽于快慢车道分隔带中,行道树绿道欠缺	法国梧桐、杜鹃、石楠、红花檵木
38	大学北路	植物茂盛,长势良好,树大荫浓,枝繁叶茂,序列性强	法国梧桐、杜鹃、石楠、红花檵木
39	扬子江中路	植物株型良好,长势旺盛,色叶树种较少,视觉兴奋点较少,养护管理良好,文化体现一般	香樟、栾树、海桐、龙柏、红花檵木、金边黄杨、大叶黄杨
40	江平路	绿化带较宽,绿量大。养护较好,但缺乏人行通道	栾树、香樟、红花檵木、紫叶李、琼花
41	西湖路	道路绿量较少,以香樟为行道树,景观效果较差,养护较差,缺乏景观小品等	樱花、香樟、黄山栾树、银杏
42	安康路	城市次干道,道路配置单调,仅有上层行道树,无景观小品	香樟、黄山栾树
43	高桥路	植物长势良好,养护管理较好,植物种植种类较为单调,中层缺乏,色叶植物较少	香樟、红花檵木、小叶黄杨
44	杨柳青路	层次丰富,色彩丰富,季相变化丰富,生态环境良好	黄山栾树、广玉兰、红叶石楠、大叶黄杨、金边黄杨、红花檵木

续表

序号	道路名称	现状分析	主要树种
45	长春路	道路途经瘦西湖风景区,植物景观以序列状排列,线性景观良好,养护管理一般	水杉、金叶女贞、红花檵木、红叶石楠、杜鹃
46	平山堂东路	道路较宽,可增设中央分隔带,一边靠水,绿化效果好,一边临山,未人工绿化	水杉、红叶石楠球、杜鹃、麦冬
47	扬子江北路	绿化效果好,主要乔木刚移植,生长好,路边是仿古建筑,整体效果好	香樟、栾树、海桐、龙柏、红花檵木、金边黄杨、大叶黄杨
48	邗沟路	以绿色为主,强调道路景观四季常绿,忽略了植物颜色与路段节奏,养护较好	香樟、栾树、金叶女贞、金边黄杨
49	老虎山路	植物配置一般,常规树种,绿化景观效果一般,植物养护管理较好,绿量较大	香樟、红枫、檵木、龙柏
50	梅岭东路	法国梧桐呈序列状排列,形成良好线性景观,绿量较大,缺乏下层植物	法国梧桐
51	史可法西路	总体景观效果较好,植物高大荫浓,养护管理较好	柳树、栾树、香樟、红叶石楠
52	史可法东路	植物配置良好,具有特色,养护管理一般,灌木带损坏较大	柳树、栾树、香樟、红叶石楠
53	柳湖路	植物符合水岸景观常用配置,绿化景观效果较好,植物养护管理较好	柳树
54	大虹桥路	景观效果良好,植物配置有特色,序列感较强,林缘线、林冠线明显	水杉、栾树、小叶女贞

优势:

① 城市新建成景观道路绿化设计水平较高　新建成路植物搭配注重乔木、灌木、草本的结合,层次较为丰富,行道树树冠丰满,遮阴效果良好,整体效果突出;灌木线形流畅,绿化断面丰富,色彩鲜艳多变,给人印象深刻,且植物搭配与周围建筑的风格和气氛能够较好地融合。同时路边休闲配套设施较好,方便行人休憩。这些路在很大程度上向人们展示了城市风貌和其独特的魅力。

② 道路绿化以当地树种为主,注重地方特色　道路绿化设计中充分考虑优先其功能性和适宜性,强调树种的因地制宜。

③ 道路绿化与城市文化内涵的结合密切　道路绿地造景运用的树种与当地特色衔接,中心城区各条道路同时具备文化性和景观性。文化有着悠久的历史,在道路景观的设计中得到了充分的体现。

不足:

① 部分道路景观缺乏特色　中心城区外围道路的绿化的立面形式

缺少韵律感,对绿化缺少整体性的把握,所以景观效果不够鲜明。同一条道路上的树种选择缺少变化,植物种类较为单调,总体色彩也较为单一。

② 管理养护欠佳　部分道路养护管理不力,地被遭人为踩踏破坏严重,特别是树池中的地被植物几乎没有;灌木中有人为破坏的痕迹;乔木部分树干有虫眼。

植物的修剪也不够,灌木带因缺乏必要的修剪显得比较杂乱,地被植物破坏较严重,影响了道路景观中下层的整体效果。

3.5.2　指导思想

以建设生态城市为目标,将区域绿色生态空间营造与城乡协调发展、资源保护、本土文化展示良好结合。将市域的生态绿道体系引入城市,与中心城区绿地系统融为一体,形成绿网分布的绿道形态,构建具有健康、安全、休闲、文化、生态的城乡一体化生态园林城市。

3.5.3　规划原则

① 整体性　绿地系统规划以《扬州市城市总体规划(2014—2020年)》为指导,科学安排各类绿色空间。

② 系统性　绿地系统建设以布局合理、功能完善为目标,注重不同类型绿地间的相互联系,形成系统的绿色生态网络。

③ 地方性　继承扬州悠久的历史文化,将具有扬州地方特色的园林风格与现代生活结合起来,形成具有地方特色的绿地景观(图 3-38)。

图 3-38　扬州园林

④ 功能性　因地制宜,科学规划,满足市民就近游憩需求。

⑤ 生态性　规划从宏观到微观,形成城乡一体化绿化格局,以生物多样性保护为重点,提高城市绿地系统的生态效益。

⑥ 可操作性　重点和一般,集中与分散,近期、中期和远期相结合,做到经济、实用、可行,提高绿地系统规划的可操作性。

3.5.4　规划目标

因地制宜,统筹安排,合理规划,创造"水绿相依,园林古今辉映、城林交融,绿地南秀北雄"的生态园林城市,营造最佳人居环境。

3.5.5　大环境绿地系统景观规划

现代城市绿地规划不仅要重视城市建成区范围内的人工生态系统建设,更应重视整个市域范围内的自然生态系统的保护和完善,规划应把范围扩大到市域,既要加强大地绿化子系统规划,同时又要解决好城市边缘地区绿地建设与城市扩展之间的关系。

3.5.5.1　规划布局

扬州市域具备良好的生态环境、有相当规模的湿地、自然风景区、林地和遗产廊道以及河流、水产种质资源,故市域绿地系统规划应以沿城市主要发展轴线为依托,结合扬州市域生态环境资源,以众多道路、河流沿线绿化、农田林网为基础,其布局按链、片、核、带四个层次进行,形成"双链、四片、多核、多带"的布局结构(图3-39)。

① 双链　沿邵伯湖—廖家沟—芒稻河等形成的南北生态廊道;沿长江形成的东西生态廊道。

② 四片　城镇绿地发展区、西北丘陵区、里下河湿地区、三湖湿地区。

③ 多核　在市域范围内建设荡滩、湿地保护区、自然保护区、生态功能保护区、森林旅游观光区等点珠状绿地,并纳入各县、市生态中心,营造点缀市域的绿色链珠。生态中心包括宝应县的宝应湖湿地森林生态中心、高邮市的高邮清水潭湿地生态中心,仪征市的仪征枣林湾生态中心,江都区的江都仙城生态中心,邗江区的蜀冈-瘦西湖风景区,广陵区的广陵夹江生态中心,生态科技新城的"七河八岛"生态中心、宋夹城生态中心以及三湾湿地生态中心。

④ 多带　以市域范围内的道路、河流为主骨架,在其两侧规划建设宽20～30 m、50～100 m不等的防护林带,交错形成生态绿网,成为城市的绿色经脉。

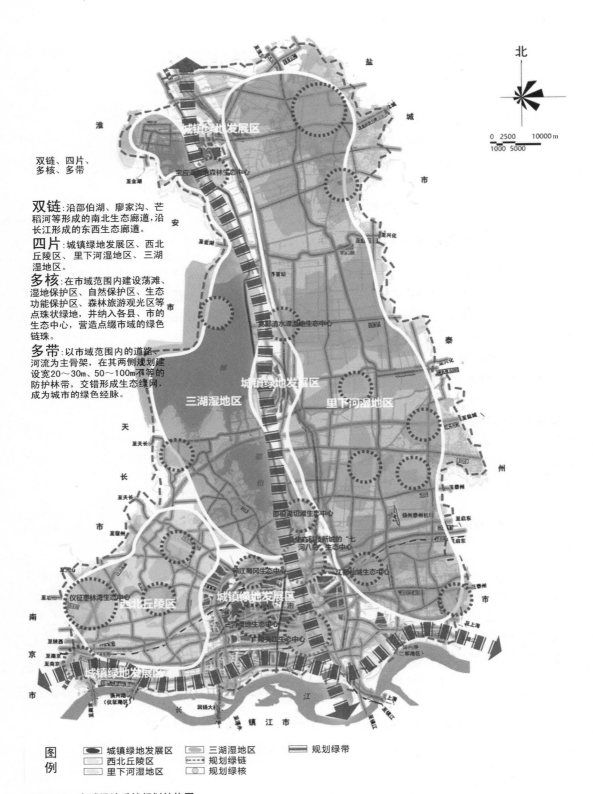

双链、四片、
多核、多带

双链:沿邵伯湖、廖家沟、芒
稻河等形成的南北生态廊道,沿
长江形成的东西生态廊道。

四片:城镇绿地发展区、西北
丘陵区、里下河湿地区、三湖
湿地区。

多核:在市域范围内建设荡滩、
湿地保护区、自然保护区、生态
功能保护区、森林旅游观光区等
点珠状绿地,并纳入各县、市的
生态中心,营造点缀市域的绿色
链珠。

多带:以市域范围内的道路、
河流为主骨架,在其两侧规划建
设宽20~30m、50~100m不等的
防护林带,交错形成生态绿网,
成为城市的绿色经脉。

图
例

⬭ 城镇绿地发展区　▨ 三湖湿地区　▥ 规划绿带
▢ 西北丘陵区　┈ 规划绿链
▨ 里下河湿地区　◯ 规划绿核

图3-39　市域绿地系统规划结构图

3.5.5.2　大环境独特自然地貌规划

扬州境内具备丰富的自然景观地貌资源,包括水岸滩涂湿地地貌、低山丘陵地貌、田园水乡地貌等,城市绿地系统规划应充分发挥其优势,通过规划合理的组织利用自然资源,彰显扬州城市特色。

故在市域范围内的绿地规划,应以扬州特色为主,以江河湖的沟通为联结,以陆地湖泊、森林公园、风景区为点缀,以乡土风情、淮扬文化、宗教文化等特色产品为亮点,形成点、线、面相结合的市域绿地网络体系。南北向依托京杭大运河河网水系和京沪高速公路,形成自然历史要素发展动力轴。东西向依托宁通交通走廊、沿江高级公路、宁启铁路过境交通及其体系所串联的城镇群体,形成人文和经济要素的发展动力轴。加强两轴汇聚核心-扬州古城、瘦西湖景区、古运河、老城区等扬州传统自然景观和人文景观的保护,形成沿长江-京杭大运河丁字口,链珠式的城市发展格局。绿地规划结合扬州不同的自然地貌,对城市绿地景观特色进行塑造。

（1）水岸滩涂湿地地貌

① 滨江景观区（图 3-40）　本区是江陆过渡景观区,景观空间平展延伸,江域、湿地、洲地、滩地等景观空间类型构成了本区空间多样性的基础。在此基础上,结合富有扬州特色的"春江花月夜"风景区等,建设展现扬州特色的绿化景观。

注重保护生态环境和自然资源,严格控制过量开发,建设长江沿岸及瓜洲防护林带,完善滨江防护林体系。规划建设"南水北调"东线水源区国家级生态功能保护区。对江边滩地等湿地资源加强保护,建立滨江湿地保育带,整合长江水域及镇江滨岸带的水-陆自然景观特色,形成独特

图 3-40　滨江景观区

的长江-沿江湿地生态景观走廊,发展以生态、科普、研修、度假、休闲、观光等为主体的滨江生态旅游业。城镇建设注重疏密有致,保留适宜的绿色开敞空间。构造人与自然协调共生的人居环境。

规划区沿江高等级公路北侧 50 m 一线以南、大运河以东至长江地区,水网密布、林网纵横、地势低洼,规划作为自然保护地。同时应大力做好沿江湿地和"南水北调"东线水源保护地的保护工作,坚持经济发展与环境保护的有机统一。在瓜洲西部、润扬大桥两侧建设森林公园,形成沿江绿色生活岸线,兼顾旅游开发建设。

② 三湖一河风光旅游区   本区以邵伯湖(图 3-41)、高邮湖(图3-42)、宝应湖(图 3-43)为主,还包括这一带的大运河(图 3-44)。以湖泊风光和名胜古迹为地方特色,结合大运河、邵伯湖、高邮湖、宝应湖、文游台、龙虬庄遗址、周恩来少年读书处等本区景观特色发展绿化建设。根据本区湿地生态系统的特点,建立湿地生态保育区和沿运河水生态功能

图 3-41 邵伯湖

图 3-42 高邮湖

图 3-43 宝应湖

图 3-44 大运河

控制区，以保证国家"南水北调"东线工程的顺利实施。作为发展本区生态旅游业的基础，开展湖泊水生态景观和沿运河景观廊道两大重点景观示范项目建设，突出三湖的"湖宅、湖乡、湖滨、湖餐"等特色旅游资源，发展以农家生活、特色风情、水上狩猎、休闲度假、生理和心理保健业及湖乡风光观光等为重点的湖上生态旅游业网络。

③ 沿湖地区　指沿邵伯湖的地区，包括泰安镇以及槐泗镇、酒甸镇、方巷镇、黄迁镇和公道镇的部分湖滨地区，总面积约为 152 km²。沿湖地区邻近邵伯湖，水系丰富、生态环境良好，规划利用其资源特点，大力发展水产养殖和生态度假休闲业，严格限制工业发展和大规模城镇建设，保护湿地资源和动植物资源，划定沿湖自然保护地，重点做好"南水北调"东线

水道两侧生态保护地、夹江及其两侧湿地保护区、凤凰岛自然保护区的保护。

（2）低山丘陵地貌

① 市域丘陵岗地发展区　本区为扬州地区地势最高的地方，地势起伏较大，自然和人文资源都较丰富，本区主要结合原有资源白羊山、庙山、铜山等进行合理适度的开发，充分展现原有的自然地貌风光。利用本区的自然景观特色，建立田园化的缓岗型和高岗型城镇体系，并形成本区特有的田园社区文化。

该区发展应珍惜地区既有的生态资源，积极慎重发挥地区资源优势，确保地区生态面貌的完整性，使其成为扬州市域整体生态环境的重要支撑。应当严格控制如铜山森林公园等生态环境敏感地区的开发建设。发展生态农业、生态旅游业。提高林木覆盖率，保护稀有物种，培育野生动物栖息地，维护好本片区的自然生态环境。推行封山育林，大力发展林业，继续加强土地复垦整治、开展以小流域为单元的综合治理，因地制宜安排粮、林、果用地，维护本地区经济、生态双重效益。

建设以生态农业为主要模式的若干个种植、养殖、加工一体化的蔬菜、副食品生产基地，建设风景林、经济林、防护林相结合的综合性林业体系，以增强本区的水土保持、水源涵养、生物多样性保护、景观美学等生态服务功能。

② 城市规划区丘陵山区　包括仪征的刘集镇、邗江区的杨庙镇、甘泉镇、扬寿镇以及槐泗镇、酒甸镇、方巷镇、黄汪镇和公道镇的大部分地区，总面积约为 360 km² 。

根据山区区位特点的不同，合理确定发展战略，加强山地环境保护，开发建设白羊山森林公园，利用隋炀帝陵、甘泉汉墓埋藏区等开发新的旅游景点。北部地区调整农业产业结构，建设以生态农业为主要模式的若干个种植、养殖、加工一体化的蔬菜、副食品生产基地。

该区域城镇空间发展应与生态环境充分衔接，保护丘陵山体，避免无序扩张，城镇之间保留绿色开敞空间，力争人与自然和谐共处。充分利用本区的自然景观特色，建立田园化的缓岗型和高岗型生态城镇体系，并形成本区特有的田园社区生态文化。

建设风景林、经济林、防护林相结合的综合性林业体系，以增强本区的水土保持、水源涵养、生物多样性保护、景观美学等生态服务功能。

（3）田园水乡地貌

① 里下河（图 3-45）发展区　充分挖掘本区未利用的滩地、河堤、圩堤、沟渠、路旁、庭院等土地资源进行造林绿化，选择速生适生的水杉、池杉、落羽杉、意杨、杂交柳、泡桐等树种，榆、榉、楝、槐等乡土树种以及紫穗槐、杞柳等灌木，同时因地制宜地实行林渔、林农、林牧、林城等综合生态工程。

图 3-45　里下河

该区农业灌溉及发展水产养殖业条件优越，应注重资源的合理利用，在保护自然生态环境的前提下，大力发展生态农业，并注重与其他产业的协调发展。利用本区水网资源优势，加强航道、港口码头等的整治与相关基础设施建设，形成具有特色的融旅游、观光于一体的水运生态交通体系。

发挥本区平原水网的地域优势，选择丁伙等乡镇，开展水乡生态城镇示范建设，促进本区城镇发展在产业调整、人居环境、社区文化等方面的生态转型，建成一批在苏中和苏南有一定影响的水乡型生态城镇。

② 沿江农业发展区　沿山河、扬江路一线以南的地区，包括仪征的新集镇、朴席镇，邗江区的杭集镇、霍桥镇、沙头镇、李典镇、红桥镇、头桥镇、新坝镇以及瓜洲镇、汊河镇部分用地，总面积约为 370 km²。规划逐步对沿江地区的城镇进行整合，及时调整农业产业结构，建设长江特色水产品、无公害蔬菜、经济林果、生态林、优质稻米和休闲农业基地，实现农业增效、农民增收。在沿江地区重点发展特水养殖、经济果林、蔬菜、弱筋小麦种植等。

3.5.6　主城区绿地系统景观规划

城市绿地建设为传统文化的延续发展提供了发展空间，通过绿地空间景观的规划，延续城市文脉，整合城市景观，塑造具有鲜明特色和文化底蕴、古城风貌与现代城市并存的丰富多彩而又和谐有序的城市景观，将扬州建设成为"古代文化与现代文明交相辉映"的名城。

绿地系统规划尊重城市自然和文脉，因地制宜，整合城市空间景观资源,把绿地作为城市历史文化内涵的重要载体与历史遗迹的保护紧密结合起来。充分把握不同的景观个性,创造出具有地方特色的绿地景观,实现"文化扬州"的目标。

3.5.6.1 指导思想

扬州市主城区自然景观资源良好,历史文化丰厚,现状绿地面积数量较高,质量较好,但城市绿地特色还需更加深入,故应通过景观规划,深入挖掘城市特色,延续城市文脉,强化城市通史性的特征,对现有的文化、自然资源进行保护整合,塑造具有鲜明特色和文化底蕴,古城风貌与现代文化并存的丰富多彩的城市绿地景观,将扬州建设成为古代文化与现代文明交相辉映的历史文化名城。使城市绿地更加系统的突显扬州的城市风貌特色。

3.5.6.2 规划目标

① 整合城市资源,使城市绿地成为城市记忆的载体,延续城市文脉,强化城市通史性的特征,实现城市可持续发展。

② 突出城市滨水的城市景观特色,强化城市绿地景观特征。

③ 城市绿地景观规划兼收并蓄,使之成为南北文化、东西文明交融的载体,实现城市绿地景观可持续发展。

3.5.6.3 规划结构

扬州的京杭大运河是其城市特色的重要体现,市内的古运河、瘦西湖等河道承载着重要的历史文化,市域独特的自然景观资源,皆较好地体现了城市特色,故规划为突显此特色,以城市这些现有的资源条件为基础,以城市建成区规划发展的方向为依据,形成"一脉、两环、四楔、四廊、多带、点线成网"的绿色景观视廊结构(图3-46)。

①"一脉" 以京杭大运河形成贯穿城区南北的景观、文化脉络。京杭大运河列入世界文化遗产,为建设"世界名城"带来崭新的契机(图3-47)。

②"两环" 以市内北城河、古运河、二道河和瘦西湖形成内城水系环;以启扬-扬溧高速公路防护林、京沪高速防护林和仪扬河-夹江生态廊道构成城市的绿色外环(图3-48、49)。

③"四楔" 西南部仪征以丘陵山区为主,北接蜀冈-瘦西湖风景区,跨铁路与北山生态区相连,向西经蜀冈西峰生态公园、体育公园、新城西区沿山河绿化等;北部以邵伯湖区为主,北接"七河八岛",与荣英湾公园和凤凰岛郊野公园相连;南部以北洲沿江地区和"南水北调"生态功能保护区为代表(图3-50)。

④"四廊" 江淮生态廊道、仪扬河(图3-51)-夹江生态廊道、新通扬运河(图3-52)生态廊道、芒稻河生态廊道。

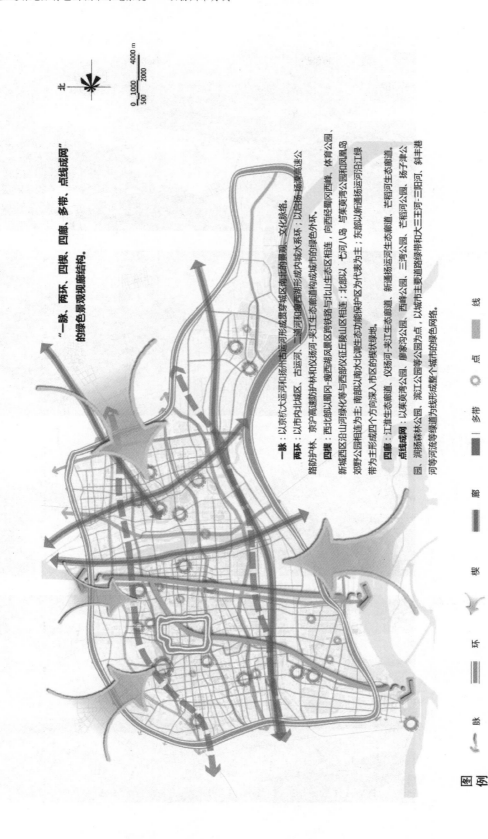

"一脉、两环、四楔、四廊、多带、点线成网"的绿色景观规划结构。

一脉：以京杭大运河和扬州古运河形成贯穿城区南北的景观、文化动脉。

两环：以市内城区、古运河、二道河和瘦西湖等形成城内城水系环；以古运扬要高速公路防护林、京沪高速路防护林和仪扬河、仪扬河形成城市的绿色外环。

四楔：西北部以山河绿化等与西部以蜀冈-瘦西湖风景区跨铁路与以山生态廊区相连，向西经蜀冈西峰、体育公园、郊野公园相连为主；南部以邗江、芒河/八圩、与东黄湾公园和凤凰岛等为主；北部以邗江、芒河/八圩、与东黄湾公园和凤凰岛等为主；东部以新通扬运河沿江沿江绿带为主形成四个方向深入市区的楔状绿地。

四廊：江淮生态廊道、仪扬河-邗江生态廊道、新通扬运河生态廊道、芒稻河生态廊道。以束黄湾公园、廖家沟公园、西峰公园、三湾公园、芒稻河公园、扬子津公园。

点线成网：润扬森林公园、束江公园等公园为点，以城市主要道路绿带和大三王河-三阳河、斜丰港河等河流等绿道为线形成整个城市的绿色网络。

图例　　[一脉]　[环]　[楔]　[廊]　[多带]　[点]　[线]

图3-46 中心城区绿地规划结构图

图 3-47 "一脉"之京杭大运河

图 3-48 "两环"之北城河

图 3-49 "两环"之瘦西湖

图 3-50 "四楔"之邵伯湖

图 3-51　"四廊"之仪扬河

图 3-52　"四廊"之新通扬运河

⑤ "多带"　以连淮扬镇铁路防护带、宁启铁路防护带、沪陕高速公路防护带、S333 省道公路防护带、扬宿高速公路防护带等形成多条贯穿城市的主城区的绿色景观轴。

⑥ 点线成网　以茱萸湾公园、廖家沟城市中央公园、蜀冈西峰公园、三湾公园、芒稻河公园、扬子津公园、润扬森林公园、香茗湖公园、滨江公园等公园为点,以城市主要道路绿带和古运河、斜丰港河等河流等绿道为线形成整个城市的绿色网络。

3.5.6.4　城市绿地景观规划

1) 特色景观区

(1) 瘦西湖景区和瘦西湖新区城市公园

作为扬州重要水系的瘦西湖,是明清皇帝南巡的水上游览线,沿湖的园林群集成整体性景观,整体气势上与北方皇家园林相似,体大景多,但两岸的私家园林皆各自为政,以湖面为中心,呈现出交相辉映的外向景观

图 3-53 清代瘦西湖名胜图

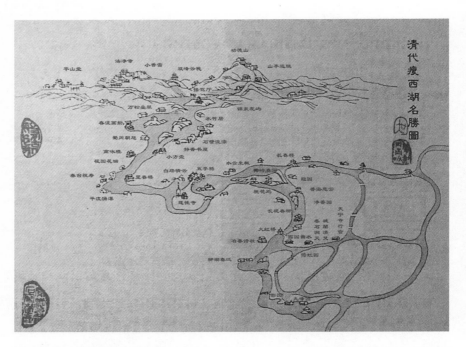

特征,故其既有皇家园林的宏伟大气,又具江南园林的艺术特征,曾呈现"两堤花柳全依水,一路楼台直到山"的盛景,是扬州独特园林风格的重要体现(图 3-53)。故将其规划为特色景观区,分析其古典园林特点,对园林遗址进行保护和再建,重现其园林盛况。

① 湖上园林特色解析

湖上园林遗址主要有:九峰园(图 3-54、55)、影园、绿杨城郭、静慧园,此外,华祝迎恩、邗上农桑、杏花村舍、平冈艳雪、毕园、江氏东园、平冈秋望、高庄、罗园、闵园、勺园、李氏小园、傍花村、红叶山庄、堞云春暖、西庄、临水红霞、水钥、双树庵林园、韩园、筱园、听箫园、双峰云栈、紫霞居、主园、慈云园、秋雨庵亭园等近 30 处,有史料记载的众多湖上园林已不复存在。现对明清时期湖上园林的相关史料进行绿地特色的解读分析,在此基础上更好地促进湖上园林遗址的保护,促进扬州湖上园林特色的营造和发展。

• 九峰园

九峰园,又名南园,故址在南门城外古渡桥旁,题其景曰"砚池染翰"。有"深柳读书堂""谷雨轩""风漪阁"等景点。乾隆二十六年,得九个太湖石于江南,大者逾丈,小者及寻,玲珑嵌空,窍穴千百。众夫辇至,因建"澄空宇""海桐书屋",更围"雨花庵"入园中,以二峰置"海桐书屋",二峰置"澄空宇",一峰置"一片南湖",三峰置"玉玲珑馆",一峰置"雨花庵"屋角,赐名"九峰园"。

图 3-54 九峰园   图 3-55 九峰园录文

"风漪阁",左有长塘亩许,种荷芰。夹堤栽芙蓉花。沼旁构小亭,亭左由八角门入虚廊三四折,中有曲室四五楹,为园中花匠所居,莳养盆景。最东小屋虚廊在丛竹间,更幽邃不可思拟。阁后曲室广厦,窗外点宣石山数十丈,赐名"澄空宇"匾额,厅右小室三楹,室前黄石壁立,上多海桐,颜曰"海桐书屋"。"深柳读书堂"堂前黄石叠成峭壁,杂以古木荫翳,遂使冷光翠色,高插天际。旁有辛夷一树,老根隐见石隙,盘踞两弓之地,中为恶虫蚀空,不绝如缕,以杖柱之,其上两三嫩条,生意勃然,花时如玉山颓。"谷雨轩"种牡丹数千本,春分后植竹为枋柱,上织芦荻为帘旌,替花障日。"临池亭"旁,由山径入,一石当路,长二丈有奇,广得其半,巧怪巉岩,藤萝蔓延,烟霭云涛,吞吐变化,此石为九峰之一。"一片南湖"之旁,小廊十余楹,其东斜廊直入水阁三楹,阁居湖北漘,湖水极阔。中有土屿,松榆梅柳,亭石沙渚,共为一邱。"烟渚吟廊"之后,多落皮松、剥皮桧。取黄石叠成翠屏,中置两卷厅,安三尺方玻璃,其中或缀宣石,或点太湖石,太湖(石)即九峰中之二峰。

扬州以名园胜,名园以垒石胜,九峰园却采用独特的供石之法,分别将九块太湖石立与各处厅堂前,以不同的植物与其相搭配,映衬峰石之特色。植物种植颇具匠心,中空腐朽的老树不以挖除,反自成一景,取自然美感,得枯木逢春之境,多种植荷花、竹、松、榆、梅、柳、白皮松等,植物种类繁多,配置丰富。

• 影园

影园在湖中长屿上，前后夹水，隔水蜀岗蜿蜒起伏，尽作山势，柳荷千顷，萑苇生之(图3-56)。园户东向，隔水南城脚岸皆植桃柳，人呼为"小桃源"。入门山径数折，松杉密布，间以梅杏梨栗。山穷，左荼蘼架，架外丛苇，渔罟所聚，右小涧，隔涧疏竹短篱，篱取古木为之。围墙甃乱石，石取色斑似虎皮者，人呼为"虎皮墙"。小门二，取古木根如虬蟠者为之，入古木门，高梧夹径，再入门，门上嵌其昌题"影园"石额。转入穿径多柳，柳尽过小石桥，折入玉勾草堂，堂额郑元岳所书。堂之四面皆池，池中有荷，池外堤上多高柳，柳外长河，河对岸，又多高柳，柳间为阎园、冯园、员园。河南通津。临流为半浮阁，阁下系园舟，名曰"泳庵"。堂下有蜀府海棠二株，池中多石磴，人呼为"小千人坐"。水际多木芙蓉，池边有梅、玉兰、垂丝海棠、绯白桃，石隙间种兰、蕙及虞美人、良姜、洛阳诸花草。由曲板桥穿柳中得门，门上嵌石刻"淡烟疏雨"四字，亦元岳所书。入门曲廊，左右二道入室，室三楹，庭三楹，即公(郑超宗、赞可二公)读书处。窗外大石数块，芭蕉三四本，娑罗树一株，以鹅卵石布地，石隙皆海棠。庭前多奇石，室隅作两岩，岩上植桂，岩下牡丹、垂丝海棠、玉兰、黄白大红宝珠山茶、磬口腊梅、千叶榴、青白紫薇、香橼，备四时之色。石侧启扉，一亭临水。亭外为桥，桥有亭，名"湄荣"，接亭屋为阁，曰"荣窗"。阁后径二，一入六方窦，室三楹，庭三楹，曰"一字斋"，即徐硕庵教学处。阶下古松一，海榴一，

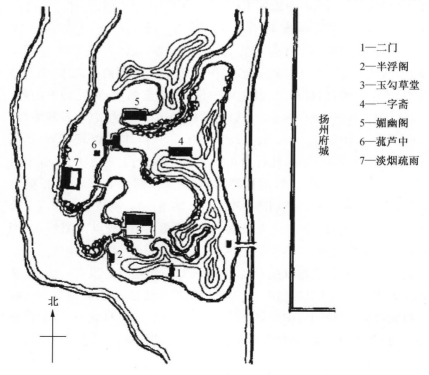

1—二门
2—半浮阁
3—玉勾草堂
4—一字斋
5—媚幽阁
6—菰芦中
7—淡烟疏雨

扬州府城

北

图 3-56　影园复原图

台作半剑环，上下种牡丹、芍药，隔垣见石壁二松，亭亭天半。对六方窦为一大窦，窦外曲廊有小窦，可见丹桂，即出园别径。半阁在湄荣后径之左，陈眉公题“媚幽阁”三字。阁三面临水，一面石壁，壁上多剔牙松，壁下石涧，以引池水入畦，涧旁皆大石怒立如斗，石隙俱五色梅，绕三面至水而穷，一石孤立水中，梅亦就之。

上述可见影园选址极佳，外环境具有得天独厚的优势。借景条件好，远可借迷楼、平山及江南诸山，近可借柳荷、萑苇及渔棹往来。其造园布局充分利用了自然环境，具有古淡天然的意蕴，空间变化丰富，景色相互呼应，路径曲折幽致，以植物造景为主，园中建筑朴素而疏朗，建筑物的题额和建筑的功能、环境相契合，“媚幽阁”则取李白“浩然媚幽独”的诗意，“媚幽所以自托也”。值得一提的还有设于舟中的茶寮“泳庵”，可于舟中品茗清谈、出游赏景，颇合中国传统园林所追求的淡然恬适的隐逸情怀。总体来说，其风格简远、疏朗、雅致、天然，影园整体营造布局受山水画论的影响较大，富有浓郁的人文园林意趣。

• 江氏东园

江氏东园，又名净香园(图 3-57、58)。属扬州北郊二十四景“荷浦薰风”，园门在虹桥东，竹树夹道，竹中筑小屋，称为水亭。绿杨湾门内建厅事，悬御扁“怡性堂”。怡性堂后竹柏丛生。树木幽邃，声如清瑟凉琴。半山槲叶当窗槛间，碎影动摇，斜晖静照，野色运山，古木色变，春初时青，未几白，白者苍，绿者碧，碧者黄，黄变赤，赤变紫，皆异艳奇采，不可殚记。颜其室曰“珊瑚林”。由

图 3-57 净香园

淨香園即荷浦薰風乃保障河最寬廣處江春重加濬
治逸植芙蕖碧葉田田一望無際花時奇品異色徵
風徐動如和衆香乾隆二十七年蒙
皇上賜今名
御書匾額并
御書結念底須懷爛熳洗心雅足契清涼一聯又竹喧歸浣
女蓮動下漁舟一聯三十年蒙
賜御書怡性堂匾額并雨過淨猗竹夏前香想蓮一聯又
賜御臨董其昌仿楊凝式大仙帖卷一軸四十五年
御製五言律詩一首又
賜御臨董其昌畸墅詩帖一卷

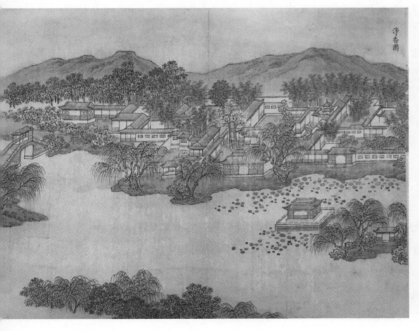

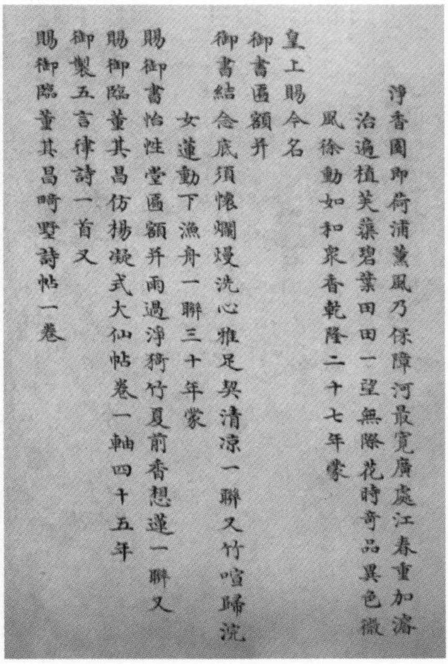

图 3-58 净香园录文

珊瑚林之末,疏桐高柳间,得曲尺房栊,名曰"桃花池馆"。园中前湖后浦,湖种红荷花,植木为标以护之;浦种白荷花,筑土为堤以护之。荷花世界,此为丽观。

上述可见净香园多以植物营造幽深、静谧之感,选择叶色变化丰富,植物姿态优美的树进行种植,也以植物为园的特色和亮点,在浦塘内遍种菡萏,乾隆有《题净香园》七律一首:"满浦红荷六月芳,慈云大小水中央。无边愿力超尘海,有喜题名曰净香。结念底须怀烂缦,洗心雅足契清凉。片时小憩移舟去,得句高斋兴已偿。"满圃荷花的美感溢于言表,碧波荷香,怡情悦性。值得一提的是园中的主体建筑怡性堂,怡性堂在传统园林建筑的基础之上,大胆采用西方技艺,靠山仿效西洋人制法,前设栏楯,构深屋,融入西洋元素,具开放多元之风,有扬州园林建筑自身独特的风格。

- 勺园

勺园,种花人汪氏宅也。是园水廊十余间,湖光潋滟,映带几席。廊内芍药十数畦,外以三脚几安长板,上置盆景,高下浅深,层折无算。下多大瓮,分波养鱼,分雨养花。

勺园同样体现了较为浓厚的扬州的特色:置水廊,与水密切结合,此为其一;二是在园中遍植特色植物芍药,园中置盆景,此也为扬州园林的重要特色,在园中蓄养金鱼以供观赏,此为扬州园林中的明代遗风。

- 临水红霞

"临水红霞"(图 3-59、60)为明清扬州二十四景之一,即桃花庵的所在地,于平冈艳雪之左,在长春桥西。桃花庵花木繁多,色彩各异,注重莳花之景的体现,且庵中堆山叠石,蓄水为瀑,养鱼以为山水之景增添活力,还作盆花以供节日所需,景观效果好,植物配置丰富多样,具有较高的艺术价值,具体的营建如下所述:

远观桃花庵,野树成林,溪毛碍桨,茅屋三四间在松楸中,其旁厝屋鳞次,植桃树数百株,半藏于丹楼翠阁,倏隐倏见。湖上园亭,皆有花园,为莳花之地。桃花庵花园在大门大殿阶下。养花人谓之花匠,莳养盆景,蓄短松、矮杨、杉、柏、梅、柳之属。海桐、黄杨、虎刺以小为最,花则月季、丛菊为最,冬于暖室烘出芍药、牡丹,以备正月园亭之用。盆以景德窑、宜兴土、高资石为上等。种树多寄生,剪丫除肄,根枝盘曲而有环抱之势。其下养苔如针,点以小石,谓之花树点景。又江南石工以高资盆增土叠小山数寸,多黄石、宣石、太湖、灵璧之属,蓄水作小瀑布倾泻危溜。其下空处有沼,畜小鱼游泳响嗽,谓之山水点景。殿前右楹门构靠山廊,廊外多竹,夏可忘暑。飞霞楼楼前老桂四株,绣球二株,秋间多白海棠、白凤仙花。红霞厅面河,后倚石壁,多牡丹。厅内开东西牖,东牖外多竹,西牖外凌

图 3-59　临水红霞

图 3-60　临水红霞录文

霄花附枯木上,婆娑作荫。夏间池荷盛开,园丁踏藕来者,时自牖上送入。厅前多古树,有拿云攫石之势,树间一桁河路,横穿而来。桐轩在飞霞楼后,地多梧桐。轩旁由六角门入桐荫书屋,屋后小亭。亭右石隙有瀑布入涧中,涧旁筑亭,额曰"临流映壑"。至此"临水红霞"之景毕矣。

- 筱园

筱园(图 3-61、62),种梅百本,构亭其中。取谢叠山"几生修得到梅花"句,名"修到亭"。凿池半规如初月,植芙蓉,畜水鸟,跨以略约,激湖水灌之,四时不竭,名"初月沜"。今有堂南筑土为坡,乱石间之,高出树杪,蹑小桥而升,名"南坡"。于竹中建阁,可眺可咏,名"来雨阁"。堂之北偏,杂植花药,缭以周垣,上覆古松数十株,名"馆松庵"。芍山旁筑红药栏,栏外一篱界之,外壁湖田百顷,遍植芙渠。朱华碧叶,水天相映,名曰"藕糜"(《毛诗》"糜"与"湄"通)。轩旁桂三十株,名曰"桂坪"。是时红桥至保障湖,绿杨两岸,芙渠十里。扬州芍药冠于天下,乾隆乙卯,园中开金带围一枝,大红三蒂一枝,玉楼子并蒂一枝,时称盛事。

筱园的造园风格受文人园林的影响较大,花浓竹淡,园小境大,部分留有明代时期的遗俗,如在园中蓄养水鸟等。筱园的园林以植物为特色,以气势为胜,大面积栽植各类花木,如梅花、芙蓉、竹等,并且造景不只局限于园内,在园外保障湖边种植一望无垠的荷花,使园内人的视线突破限制,逐步延伸到园外湖景,同时丰富湖上之景,吸引园外人的视线,园内外

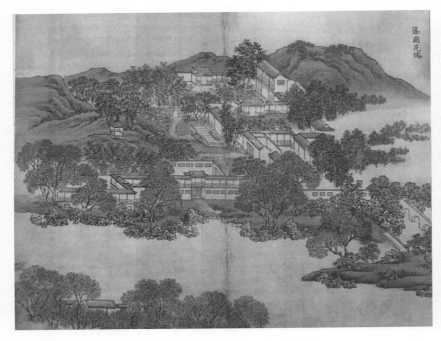

图 3-61 筱园

篠園花瑞園為編修程夢星別墅後汪廷璋等闢其西
廣數十畝為芍藥田有並頭三萼者因作瑞芍亭以
紀勝亭之北有仰止樓修竹萬竿綠猗可愛樓之東
有叢桂數十本建亭三楹名曰舊雨有古藤覆蔭花
時爛熳如張錦幄折而西有梅嶺小亭踞其上今其
姪孫承璧重修

图 3-62 筱园录文

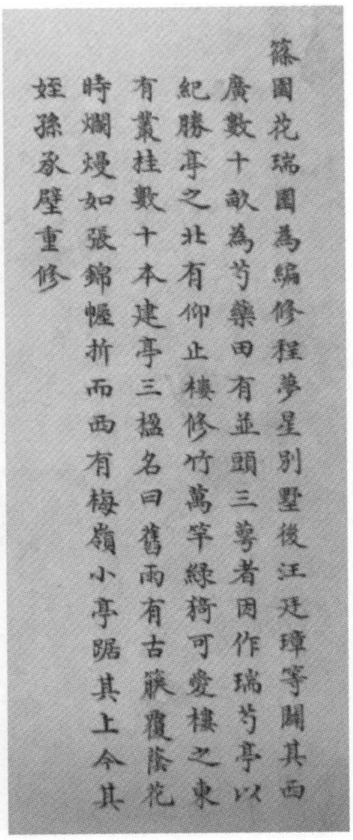

相互映衬，融山林自然和市井生活为一体，很大程度上反映了扬州园林特色。

• 秋雨庵

秋雨庵，位于双桥乡武塘村扫垢山，始建于清代初年，庵四周皆种植竹，竹外编篱，篱内方塘，塘北山门，门内大殿三楹，院中植绿萼梅一株，白藤花一株，缘木而生。两庑各五楹，环绕殿之左右。后楼五楹，为方丈。庵左为桂园，园中桂树是月中种子，园中桂花皆红黄色。右为竹圃，又名笋园，其中长满翠竹，园中有六方亭，名曰竹亭。秋雨庵以竹营造幽静氛围，点缀水局，设专类植物观赏园，寺庙本身景观质量佳，特色突出。

• 倚虹园

倚虹园(图 3-63、64)，即大洪园。有二景，一为“虹桥修禊”，一为“柳湖春泛”。园门在渡春桥东岸，门内为妙远堂。堂后开竹径，水次设小码头，逶迤入涵碧楼。楼后宣石房，旁建层屋，赐名致佳楼。直南为桂花书屋，右有水厅面西，一片石壁，用水穿透，杳不可测。厅后牡丹最盛，由牡丹西入领芳轩。轩后筑歌台十余楹，台旁松柏杉槠，郁然浓荫。涵碧楼前怪石突兀。古松盘曲如盖，穿石而过，有崖崚嶒秀拔，近若咫尺。其右密孔泉出，迸流直下，水声泠泠，入于湖中。有石门划裂，风大不可逼视，两壁摇动欲催。崖树交抱，聚石为步，宽者可通舟。下多尺二绣尾鱼，崖上

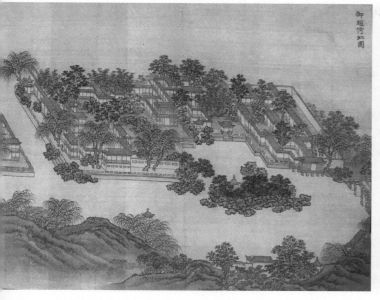

图 3-63　倚虹园

倚虹园在虹桥东南一带虹桥修楔东塞苑康御街洪徽
治建其于候选道筌根重修园傍城西漆三面临河
南向北即西向卜西虹桥修褉有领旁轩轩前牡丹最盛造
西南为镜春馆红药咤唯湖山环绕向南堂摄一园之胜乾
堂後东偏有楼修竹最挂曲廊洞房据一园之胜乾
隆二十七年家
皇上临辛
赐御书倚虹园匾并柳拖弱缕学与于梅展芳姿初试顺
一联又明月松間照清泉石上流一联三十年家
赐御书致佳楼额并花木正住二月景人家疑近五陵流一
联又
赐御临黄庭坚书寒山于麗居士詩卷一轴四十五年
恩赐
御题七言律诗一首又家
御临怀素草书千字文一卷

图 3-64　倚虹园录文

有一二钓人,终年于是为业。楼后灌阴郁莽,浓翠扑衣。其旁有小屋,屋
中叠石于梁栋上,作钟乳垂状。其下嶙峋崞崒,千叠万复,七八折趋至屋
前深沼中。

　　倚虹园(图 3-65)最突出的园林特色为巧于山石水景之妙,有限的空
间里,出现多种形式山石,以山石为林中小道,七转八折,水景时而穿透石
壁,时而从密孔喷出,汇于湖中,形态丰富各异,富具特色。倚虹园水厅的

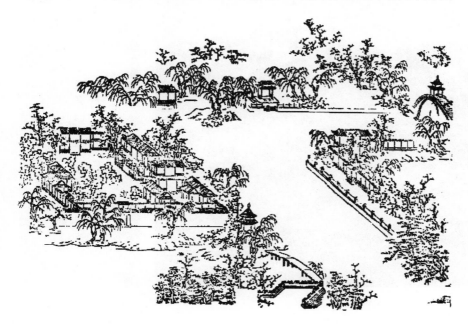

图 3-65　倚虹园白描图

建设也为一大特色，以水厅与地形相呼应，独具其妙。

　　• 小洪园

　　小洪园，又名郧园、"卷石洞天"（图 3-66、67），于"城闉清梵"景点之后，以怪石老木为胜。以旧制临水太湖石山，搜岩剔穴，为九狮形，置之水中。上点桥亭，题之曰"卷石洞天"，人呼之为小洪园。园自勺园便门过群玉山房长廊，入薜萝水榭。榭西循山路曲折入竹柏中，嵌黄石壁，高十余丈；中置屋数十间，斜折川风，碎摇溪月。房竟多竹，竹砌石岸，设小栏点太湖石。石隙老杏一株，横卧水上，夭矫屈曲，莫可名状；人谓北郊杏树，惟法净寺方丈内一株与此一株为两绝。其右建修竹丛桂之堂，堂后红楼抱山，气极苍莽。其下临水小屋三楹，额曰"丁溪"，旁设水码头。其后土山逶迤，庭宇萧疏，剪毛栽树，人家渐幽，额曰"射圃"，圃后即门。

　　狮子九峰，中空外奇，玲珑磊块，手指攒撮，铁线疏剔，蜂房相比，蚁穴涌起，波浪激冲，下水浅土，势若悬浮，横竖反侧，非人思议所及。树木森戟，既老且瘦。夕阳红半楼飞檐峻宇，斜出石隙。郊外假山，是为第一。此座假山为董道士所叠，以太湖石组成九狮的形状，造就了整体的不凡气势。廊以曲折取胜，或折如阁中，或折入竹林。"阁旁一折再折，清韵丁丁，自竹中来。而折愈深，室愈小，到处粗可起居，所如顺适。启窗视之，月延四面，风招八方，近郭溪山，空明一片。游其间者，如蚁穿九曲珠，又如琉璃屏风，曲曲引人入胜也。"

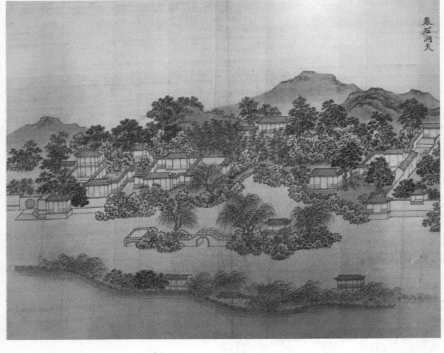

图 3-66　卷石洞天　　　　　　　　　　　　　　　　　图 3-67　卷石洞天录文

　　扬州以名园胜,名园以垒石胜,小洪园最具特色的便是其叠石,园门以多孔多窍的太湖石构九狮之形,整体气势不凡,以山石阻隔入园的视线,既突出卷石洞天的特点,又增添了园景的意趣。九峰园以石而筑的石桥以小巧简洁取胜,为园之佳作,妙于点景。《扬州画舫录》云:"桥之佳者……九峰园美人桥为最。低亚作梗,通水不通舟。"

　　· 石壁流淙

　　"石壁流淙"(图3-68~70),为徐氏别墅,又名水竹居。石壁流淙,以水石胜也。先是土山蜿蜒,由半山亭曲径逶迤至此,忽森然突怒而出,平如刀削,峭如剑利,襞积缝纫。淙嵌㳇岨,如新篁出箨,匹练悬空,挂岸盘溪,披苔裂石,激射柔滑,令湖水全活,故名曰"淙"。淙者众水攒冲,鸣湍叠濑,喷若雷风,四面丛流也。如意门中牡丹极高,花时可过墙而出。中筑清妍室,室右环以流水,跨木为渡,名"天然桥"。桥取朽木,去霜皮,存铁干,使皮中不住聚脂,而郁跂顿挫。栏楯皆用附枝,委婉屈曲,偃蹇光泽,又一种木假诡制也。天然桥西,汀草初丰,渚花乱作,大石屏立,疑无行路;度其下者,亦疑其必有殊胜。乃步浅岸,攀枯藤,寻绝径,猿鸟助忙,迎人来去。行人苦难,幽赏不倦。移时晃晃昱昱,自乱石出,长廊靓深,不数十步,金碧相映,如寒星垂地,由廊得一石洞,深黑不见人,持烛而入,中有白衣观音像,游者至广,迥非世间烟霞矣。

图3-68　石壁流淙

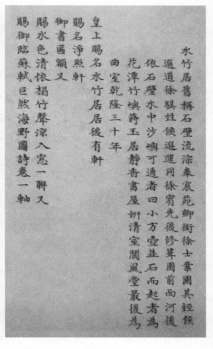

图3-69　石壁流淙录文

图 3-70　石壁流淙白
描图

石壁流淙为扬州园林假山的又一佳作。由上文可知，水石是其园林的突出特色，用运来的石头，平地垒起一座贯穿全园的石壁，利用山体起伏，巧妙布置形态各异的水景，或盘旋于水间，或奔涌于石缝之中，山因水活，山环水绕，交相呼应。与假山相结合的植物配景丰富自然，石壁流淙假山后方栽植不同类型的树木，在假山后方形成自然的林冠线，独具天然意趣。值得注意其中一小景点即天然桥的布置匠心独具，取委转曲折的枯树倒在小溪上，自然成桥，恍若本自然于此，石壁流淙以天然取胜，园中的景物设置无一不在烘托此，古朴自然，极富野趣。

- 锦泉花屿

"锦泉花屿"（图 3-71～73），张氏别墅也。渐近蜀冈，地多水石花树，有二泉：一在九曲池东南角，一在微波峡。景分东西两岸，一水间之。水中双泉浮动，波纹粼粼，即"锦泉花屿"之所由。由绿竹轩、清华阁一路浓荫淡冶，曲折深邃，入笼烟筛月之轩，至是亭沼既适，梅花缤纷。山上构香雪亭、藤花书屋、清远堂、锦云轩诸胜，旁构梅亭。山下近水，构水厅，此皆背山一面林亭也。山下过内夹河入微波馆，馆在微波峡之东岸。馆后构绮霞、迟月二楼，复道潜通，山树郁兴。中构方亭，题曰"幽岑春色"，馆前小屿上有种春轩。

绿竹轩居蜀冈之麓，其地近水，宜于种竹。居人率用竹结屋，四角直者为桂楣，撑者榱栋，编之为屏，以代垣堵。皆仿高观竹屋、王元之竹楼之遗意。张氏于此仿其制，构是轩，背山临水，自成院落。盛夏不见日光，上有烟带其杪，下有水护其根。长廊雨后，剧笋人来；虚阁水腥，打鱼船过。佳构既适，陈设益精，竹窗竹槛，竹床竹灶，竹门竹联。盖是轩皆取园之恶竹为之，于是园之竹益修而有致。

由上文可见，此园以其泉为名，以花木竹石为胜。园中近水构厅，将建筑与水紧密结合，这是扬州园林的一大特色，近水建筑丰富多样，或廊

图 3-71　锦泉花屿

图 3-72　锦泉花屿录文

图 3-73　锦泉花屿白
描图

或阁或馆或楼,各逞其妙。植物种植方面,也体现了浓厚的扬州特色,因
地制宜地选择生长良好的竹作为构园主要植物,竹在扬州园林中应用广
泛,蔚然成风,有诗云"有地唯栽竹,无家不养鹅",可见一斑。园中不仅以
竹为景用于观赏,还将长势不佳的竹子用于造物,如:构轩,作窗、榄、竹联

等,以竹来营造园林风雅的整体氛围和意趣。

• 白塔晴云

"白塔晴云"(图 3-74~76),在莲花桥北岸,屋前缚矮桂作篱,将屿上老桂围入园中。山后多荆棘杂花,后构厅事。阁前嵌石隙,后倚峭壁,左角与积翠轩通,右临小溪河。窗拂垂柳,柳阑绕水曲,阁外设红板桥以通

图 3-74　白塔晴云

白塔晴雲按察使衔程宗州同吴辅椿先後營建乾隆四十四年候選道張霞重修對岸與蓮性白塔對故名有花南水北之堂積翠軒林香草堂諸景今候選運副已樹保修葺

图 3-75　白塔晴云录文

图 3-76　白塔晴云白描图

屿中人来往。桥外修竹断路,瀑泉吼喷,直穿岩腹,分流竹间,时或贮泥侵穴。薄暮渔艇乘水而入,遥呼抽桥,相应答于缘树蓊郁之际。春夏之交,草木际天,中有屋数椽,额曰"林香草堂",堂后小屋数折,屋旁地连后山,植蕉百余本,额曰"种纸山房"。种纸山房之右,短垣数折,松石如黛,高阁百尺,额曰"西爽"。其西竹烟花气,生衣袂间,渚宫碧树,乍隐乍现,后山暖融,彩翠交映。得小亭舍,曰"归云别馆"。

由上文可知,白塔晴云的营建,富具自然意趣,以叠石理水为胜,为扬州园林一大特色。园中山石与建筑、植物联系密切,相互映衬,在厅后阁前构以山石,阁前嵌石隙,建筑仿佛置于真正山林之间。水景的形式丰富多样,时而轻缓流淌,时而作飞瀑喷射于山石岩间,于山水之间种植杂花、垂柳、碧竹,更显天然风格。

- 蜀冈朝旭

"蜀冈朝旭"(图 3-77~79),李氏别墅也。楼前本保障湖后莲塘。张氏因之,辇太湖石数千石,移堡城竹数十亩,故是园前以石胜,后以竹胜,中以水胜。由南岸堤上过筱园外石板桥,为园门,门内层岩小壑,委曲曼回。石尽树出,树间筑来春堂,厅后方塘十亩,万竹参天,中有竹楼,竹外为射圃。其后土山又起,上指顾三山亭,过此为园后门,门外即草香亭。

由上述可知,竹为此园一大特色。竹作为扬州园林中的重要造景植物品种,应用十分广泛,众多园林以竹造景,景观丰富多样,富具扬州韵

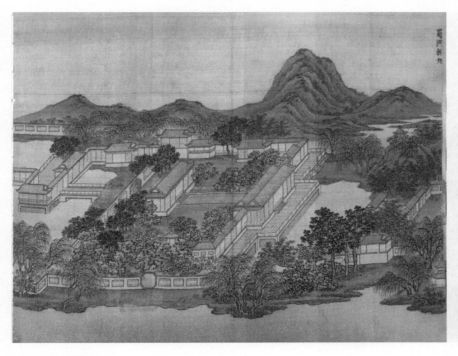

图 3-77　蜀冈朝旭　　　　　　　　　　　　　　　　　　　　　　　　图 3-78　蜀冈朝旭录文

图 3-79 蜀冈朝旭白描图

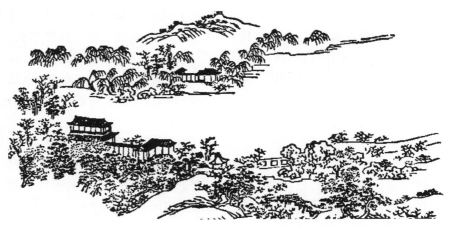

味。此园以竹为楼，以竹衬水景，山石水竹，富具意趣。

• 桃花坞

桃花坞（图 3-80～82）在长堤上，堤上多桃树。郑氏于桃花丛中构园，门在河曲处，与关帝庙大门相对。桃花坞与韩园比邻，竹篱为界。篱下开门，门中方塘种荷，四旁幽竹蒙翳。构响廊，皮板架水上，额曰“澄鲜阁”，自是由水中宛转桥接于疏峰馆之东。疏峰馆之西，山势蜿蜒，列峰如云，幽泉漱玉，下逼寒潭。山半桃花，春时红白相间，映于水面。花中构“蒸霞堂”。

图 3-80 桃花坞

桃花塢道銜前嘉興通判黃為荃建候選州同鄭之洄重修舊有蒸霞堂澄鮮閣縱目亭中川亭諸勝今增置長廊曲檻間以水陸諸花望如錯繡復為高樓山半東向以収遠景

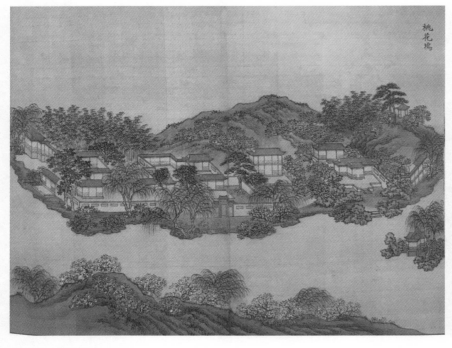

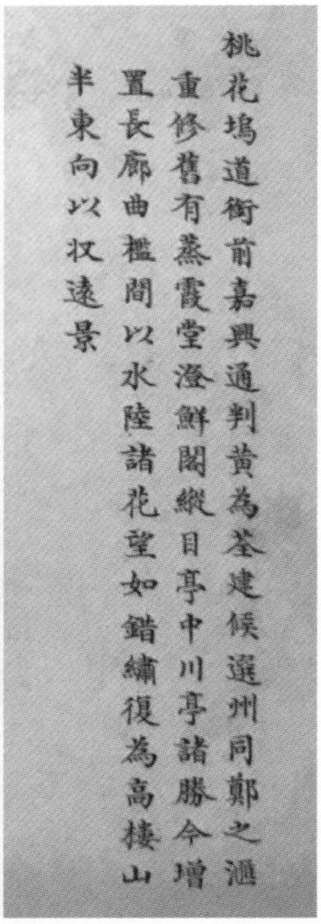

图 3-81 桃花坞录文

图 3-82　桃花坞白描图

由名可知此园以桃花为胜,注重植物的特色观赏。在山间种植桃花,更具自然之意。园中叠山筑石,山势蜿蜒,列峰如云,又有幽泉宛转其间,较好体现扬州园林的叠石艺术,且建筑与山水的衔接丰富自然。

② 瘦西湖景区(湖上园林)特色营造途径

重点保护景区内已探明的文物埋藏区、文保单位和古树名木等历史遗迹,保护景区历史人文环境和视野环境;加强对瘦西湖水系的保护,维持历史遗迹的基本空间骨架。

对湖上园林遗址和史料有记载,但现已不存在的湖上园林,开发遗址公园或进行文字解读。

保护瘦西湖沿线地形地貌,逐步恢复瘦西湖沿线和保障湖沿岸景点。利用各种工程和生物处理的手段,建立瘦西湖湿地生态系统。

瘦西湖新区城市公园规划在保护好现有景点、遗址和水系的前提下,建设瘦西湖新景区。瘦西湖新区城市公园范围内的农业开发要适度,并以发展生态农业为主。以平山茶场、堡城村、园林村为基地,发展瘦西湖新区城市公园外围的生态农业休闲观光旅游。

(2) 高旻寺周边景区和扬子津景区

① 现对史料记载的高旻寺(图 3-83、84)进行特色解析。高旻寺,为郡城八大刹之一。清朝康熙帝于《高旻寺碑记》中提及:"居三叉河之中,南眺金焦诸峰,北枕蜀冈之麓,足为淮南胜地",可见其选址的巧妙。收诸峰之景为己,为园林营造的一重要手法。高旻寺大门临河,极富具扬州的地域特色,如此便于皇帝南巡时暂住休憩。寺庙花木竹石,相间成文,可见高旻寺内植物配置丰富景观效果极佳,康熙帝临高旻寺,作《幸茱萸湾行宫登五云楼》诗一首:"膏宜豆麦,烟景遍林亭。"清朝乾隆帝有诗云:"众

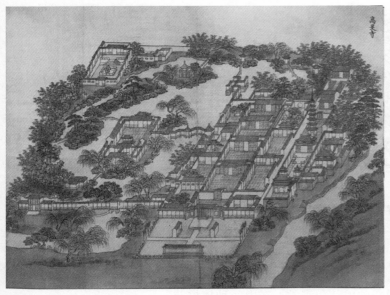

图 3-83　高旻寺

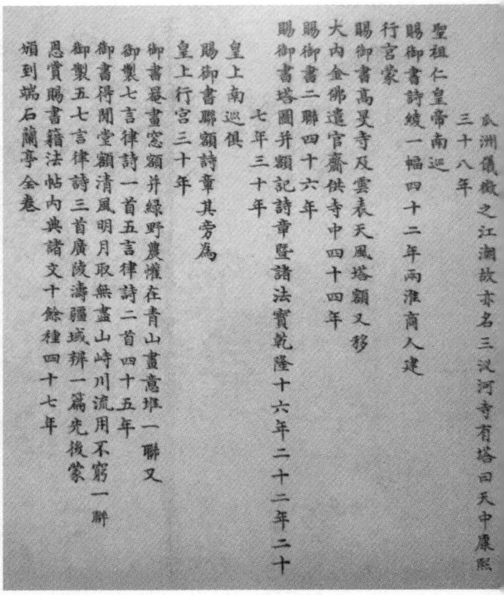

图 3-84　高旻寺录文

"水回环蜀冈秀,大江遥应广陵涛","绿野农欢在,青山画意堆"。

② 特色营造途径

高旻寺周边景区和扬子津景区的景观规划应立足于区域和自身特色,结合古运河、乾隆、大运河三条水上游线的开发和"烟花三月"旅游节等活动的开展,从生态学原理出发,以人为本,由中心的寺庙园林景观由运河向四周田园空间渗透、融合,形成富有层次和个性、古朴自然具有田园风光特色的宗教文化生态旅游保护区,使之成为古运河观光带上的一个闪亮节点。

高旻寺风景区规划定位以古运河、低湿地田园生态系统为自然生态栖息地,是宗教界集水、田、寺景观为一体的滨水禅宗丛林之一。以保护自然、人文景观为前提,重点保护景区内生态环境最脆弱的水体湿地景观,重视宗教历史文脉的延续,尊重自然、历史和文化,再现高旻寺的历史文化价值。应控制开发,确定景区合理容量,使之充分发挥绿色隔离带的生态功能。

（3）三湾公园

公园结合古运河的历史文化、自然风光,以及扬州的发展新貌,形成体现古代文化和现代文明的城市综合公园。保护古运河及三湾公园（图 3-85）对文峰塔的视线通廊,把基地内市级文物龙衣庵和宝轮寺作为三湾公园的组成部分统一规划。

（4）竹西公园

① 现对史料记载中禅智寺、竹西寺的园林绿地特色进行解析:

图 3-85　三湾公园

　　禅智寺,又名竹西寺,即扬州二十四景"竹西芳径"(图 3-86~89)的所在地。竹西芳径在蜀冈上,冈势至此渐平。竹西寺在其上,地处蜀冈之尾,高岗之边,地势好,环境美。禅智寺的园林,特色为选址极佳,在寺庙中构水植树,专辟花圃,具有较高的观赏价值。禅智寺于门中建大殿,左右庑序翼张,后为僧楼,即正觉旧址。左序通芍药圃,圃前有门,门内五楹。中为甬路,夹植槐榆。廊外有吕祖照面池,由池入圃,圃前有泉在石隙。志曰"蜀井"(苏东坡题为"第一泉"),即今日第一泉。竹西寺有

图 3-86　竹西芳径

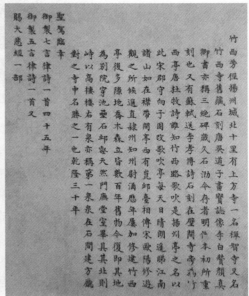

图 3-87　竹西芳径录文

图 3-88　竹西芳径白描图

图 3-89　竹西公园

八景：在寺外者，月明桥一，竹西亭二，昆邱台三；在寺内者，三绝碑一，苏诗二，照面池三，蜀井四，芍药圃五。历代诗人曾留下许多著名诗句，如杜牧有诗《题扬州禅智寺》："雨过一蝉噪，飘萧松桂秋。青苔满阶砌，白鸟故迟留。暮霭生深树，斜阳下小楼。谁知竹西路，歌吹是扬州。"

　　② 特色营造途径

　　规划扩建的公园在保持传统风格的基础上，分析史料中禅智寺、竹西寺的绿地特色，以史书记载的唐代禅智寺为依据，相关诗篇（如刘长卿、罗隐、杜牧、乾隆等的诗）描绘的竹西寺风光为蓝本，丰富公园的内容，增加特色景点，重现历史盛景。

（5）瓜洲公园

公园规划凸显瓜洲传统文化,丰富的园林艺术小品如雕塑、碑刻等融入园林之中,艺术展现瓜洲十景、簸箕城、彤云阁、沉香亭等具有地方文化特色的景观。

（6）茱萸湾-凤凰岛风景区

规划保持现有水系、湿地资源和生物资源,茱萸湾公园可建设成以植物动物为主的动植物园,凤凰岛应保持大面积的自然原生状态,以植物群落为主,进行保护性开发。

2）特色景观带

（1）古运河景观带

建设古运河风光带,立足于区域和自身特色,结合乾隆水上游线、大运河水上游线的开发和"烟花三月"旅游节等活动的开展,使其成为融历史、文化、生态、景观于一体的一条绿轴。古运河开发利用价值较高,无论从生态、景观还是旅游的角度,对城区作用都非同小可,因此应重点考虑。古运河由北至南贯穿扬州城区,风光带以运河为中心,南至瓜洲古渡,北至湾头古镇,总面积约 81 hm^2。

古运河风光带规划中,古运河从瓜洲至湾头的景观可分为三个不同的景观特色段:第一段是从瓜洲古渡至高旻寺,该段以植物景观为主,保持质朴的原野风情,恢复性建设瓜洲十景;第二段从高旻寺至东关古渡,该段以人文景观为主,处理好历史景点、三湾公园、扬子津公园等与运河游线的关系,因地制宜,设置游船码头、园林小品,保持运河景观的协调;第三段从东关古渡至湾头,该段河面开阔,自然环境清新质朴。

规划结合现有风光带:古运河为风光带的布局重心,呈开放式自然布局,突出中国自然山水园林的风格,同时开设水上和陆上两条游览路线。树立"人、自然、人工环境相融合"的整体思想,从城市大环境系统着眼,以人为主体,古运河文化、城市历史文脉及现状环境为基础,确立"人、风景、人文及城市环境融合"的模式。

规划突显古运河传统文化,以文化脉络作为体现古运河文化的精髓、底蕴、景观的时间载体,延续历史文脉,精心创造人文景观,将丰富的园林艺术小品如雕塑、碑刻等融入风光带的园林景观之中,营造浓厚的文化氛围,充分展示古运河的历史底蕴和传统文化内涵。

（2）长江风光带

整合沿江自然、人工景观资源,充分发挥江、岛风光兼备,历史、现代风貌齐全,地形地貌类型丰富的优势,建成自然风光、历史遗迹与现代城市特色有机融合的沿江风光景观带。全力打造"扬州生态港岸"品牌,加快一园（润扬森林公园）、一区（瓜洲古渡风景区）、一带（沿江防护林带）和一湿地(归江河口湿地生态系统)的生态建设。

一园(润扬森林公园):规划占地面积约 3.4 km²。规划以保护江滩湿地资源和植物造景为主,因地制宜建设旅游观光服务设施,保护大桥视线走廊,打造成市民亲近自然,观赏桥、江的佳处。

一区(瓜洲古渡风景区):作为古运河游览线的起点和长江风光带上的一个亮点,规划在古运河与长江交汇口瓜洲古渡一带进行景区开发,以江河交汇的自然景观为背景,以瓜洲古渡为核心,在江口岛上复建历史名楼——大观楼,在古运河船闸和节制闸的半岛上复建历史名园——锦春园,综合运用园林设计要素,艺术化地展示瓜洲古渡千百年来所经历的风雨历程和历代文人墨客途经瓜洲所留下的不朽诗篇,建成古运河和长江标志性的传统文化游览景区。规划协调好与润扬森林公园的关系,注重景区亮化设计,使"古代文化"——大观楼与"现代文明"——润扬大桥在水天一色的长江背景下交相辉映。

一带(沿江防护林带):长江扬州段北侧水网密布,林网纵横,地势低洼,规划建设生态防护绿化工程,体现江天一色、渔舟唱晚的自然景观风貌。

一湿地(归江河口湿地生态系统):夹江两岸建设国家级"南水北调"东线源头水生态功能保护区,保持大面积的自然原生状态,维护自然湿地景观。规划以植物群落为主,进行保护性开发,规划保护夹江湿地资源和生态林,发展生态农业,适度建设休闲度假、旅游观光设施,规划占地面积约为 4.2 km²。

(3)三道古城轮廓线

整理现存的城河水道,沟通形成连续的城河水系,凸现古城轮廓;整治沿河环境,增加绿地,展示扬州悠久的建城史。

邗沟绿化景观带:邗沟路与邗沟之间在原有的绿化基础之上拓展为绿化景观带,规划要求邗沟绿化带与古运河绿化风光带的风格统一协调。规划建议以人文景观为主,突出邗沟文化特点,以仿古碑及纪念性石刻等来展现在春秋末期吴王夫差开挖邗沟这一世界最早的人工运河的意义与价值,传递古城历史信息,使之成为扬州历史文化名城的又一特色景观。

护城河绿化景观带:明清扬州古城护城河,规划在原有绿化带基础上改建扩建,注意保护沿河现有乡土植物和地形地貌。规划建议以人文景观为主,突出明清古城文化特点,综合运用园林设计要素来记述古城历史。绿地规划协调好沿河历史文物古迹(冶春、天宁寺、史公祠等)景观。

漕河带状公园、玉带河风光带、蒿草河滨河绿带:唐罗城、宋大城护城河,沿河两侧地面历史遗迹已基本不存在。规划要求通过沿河绿化与环境小品建设,适当恢复部分景点,或通过碑刻、雕塑等传递古城历史信息,凸现唐宋古城轮廓。

（4）京杭大运河景观带

古老的京杭大运河历史悠久，工程浩大，流域广阔，堪称世界运河工程之最。结合现有风光带规划以可持续发展的思想为指导，保护沿河自然资源及生态环境，合理开发利用。在创造以河流为主体的流畅、开放、愉快的活动空间环境，满足现代人既能娱乐休闲又能回归自然追求的同时，强调生态防护，以保持良性的生态循环，使景观与功能效果相结合，提高整体环境的综合效益和长远的持续发展。

（5）多条绿化景观带

① 考虑到中心城区与沿江地带之间为扬子津风景区所分隔，与河东地区之间为大运河所分隔，规划建成包含大、中、小三个环路并通过南北和东西方向各一条快速路相互联系的快速路系统。快速干道均规划为迎宾大道，绿地率达到40%以上，道路两侧设置15～45 m宽的绿化带，使其成为城市的对外绿色屏障。

② 选择城市主要交通要道，建设成"九纵八横"的城市园林景观路，全面提高绿化标准，绿地率均达到40%以上，以高水平的设计和崭新的形象展示城市的绿化水平，使园林景观道路构成网络状体系，贯穿整个城市，提高城市的生态、景观、休闲等综合效益。

"九纵"：车站路(北至文昌西路，南至江阳西路)、建安路(北至建设大街，南至仪扬河路)、贾七路—扬瓜路(北至北环线，南至仪扬河路)、邗江路—振兴路(北至西湖中心路，南至仪扬河路)、扬菱路—汶河路—荷花池路—荷花池南路(北至西北绕城线，南至开发东路)、新民路—江都路(北至北外环路，南至南绕城线辅道)、扬江路—扬江南路(北至江扬大桥东接线，南至大众港)、东扬瓜路(北至施沙路，南至沿江公路)、渡江南路—扬圩路(北至江阳东路，南至沿江公路)。

"八横"：江阳工业园区中心东西路(西至北环线，东至水铁公联运码头)、蜀岗路—漕河路—太平路(西至贾七路，东至运河北路)、文昌路(西至西北绕城路，东至廖家沟)、安兴路—文汇东西路—南通路(西至西北绕城路，东至江阳东路)、开发路—开发东路(西至西环路，东至廖家沟)、华洋路(西至西环路，东至大运河)、施沙路(西至润扬大桥北接线，东至大运河)、运西路—金山路(西至润扬大桥北接线，东至扬子江南路)。

③ 选择老城区最具古文化特色的盐阜路、泰州路、南通路作为扬州城市的标志景观路。全面提高道路绿地率，在景观设计方面注重结合扬州古城轮廓线和古运河文化，形成扬州市的主要标志道路。

3）特色景观节点

（1）古典园林保护

① 古典园林特色解析

营造扬州园林特色的重要途径之一就是对其特色景观节点进行营造，节点是最贴近市民生活，也是最易为大家感同身受的场所，而古典园林更是承载着深厚的历史、人文风情，是扬州绿地特色的重要体现。对古典园林进行深入解析，对于更加深入地挖掘扬州绿地的地域特色是不可或缺的，在此基础上，对其古典园林进行保护，开发遗址公园，更能保留古典园林最初真实的特色。

• 古典园林特色总述

a. 风格特色

园林的风格特色及意境很大程度上受到地理载体、经济基础、政治依托与文化内涵等诸要素的影响，扬州的古典园林也不除外。由于漕运、盐运的兴盛，扬州经济文化繁荣发展，形成了诸多的文化类型，其中包括运河文化、盐商文化、文学与艺术文化、学术与教育文化、宗教与旅游文化、饮食与民俗文化等。与扬州园林形成与发展关联最为紧密的主要是运河文化、盐商文化、民俗文化，在这三类文化的主要影响下，扬州园林逐渐形成自身特色，区别于皇家园林与苏杭园林，将儒道文化、文人意趣融入扬州元素，形成别具一格的扬州古典园林。现对园林受不同文化影响而形成的不同特色分别进行解析。

a）北雄南秀（运河文化）

清代中后期因皇帝多次南巡，官员、盐商修建园林以取悦皇室，扬州园林也因此达到顶峰，此时扬州园林受到皇家园林的巨大影响，在借鉴苏州园林模式的基础上，吸纳皇家园林特质，主要建筑及空间布局模仿北方皇家园林，成为北雄南秀的巧妙融合体。

b）精雕细琢（盐商文化）

"扬州繁华以盐盛"。作为两淮盐运枢纽与盐政中心的扬州，盐商在政治、经济、文化生活中影响极大，占举足轻重的地位。扬州盐商大都崇尚文学，颇具儒学修养，积累了足够的经济资本后，为了提高社会地位和自身素质，力倡风雅之风，建造了众多精湛的园林，这些举措很大程度上推动了扬州文化的蓬勃发展。扬州盐商园林在严格遵守礼制的基础之上，极尽精细。盐商花费巨额钱财，追求园林的精巧、雅致，建造的用料、技艺等极其考究，大到立意布局，小到理水叠石、树木配置、建筑营构，精雕细琢到极致。

例如：园林的砖墙、院门、山墙、园林隔墙等处无不装饰以精巧秀丽的砖雕，片石山房之叠石主峰、水榭、不系舟、楠木厅等皆以曲廊连接，廊壁镶嵌有诗词条石碑刻，此皆为依石涛诗词遗墨雕刻而成，书法笔力古拙，秀劲绝俗。窗隔、门扇皆精心设计，仅以门形为例，有月牙、古瓶、宫灯形等（图3-90）。

图 3-90　片石山房门洞

c) 文化意境深厚（民俗文化）

当地民俗文化的发展推动着扬州园林独特风格的形成。扬州因其优越的地理位置，交通发达、经济繁荣，南北文化在此交汇，众多政治家、文学家、艺术家在此聚集，很大程度上影响了当地民俗。造园者崇尚文学，附庸风雅，注重园林的诗情画意及人文意境的表达，同时扬州自身深厚的历史文化底蕴培养了园林的书卷气和文化意境。造园者在造园过程中通过理水、叠山、建筑、花木等一系列手段营造出"本于自然，高于自然"的高雅艺术品位和诗情画意，也有通过景题、匾、联、刻石等为现成的物境赋予深刻的文化意境。民俗文化较大地影响了扬州的园林风格的形成与发展。

图 3-91　何园山水

b. 园林要素特色

a）叠石为胜

"扬州以名园胜，名园以叠石胜"。扬州园林多是宅园结合，建筑随园而设，布局灵活，结构严谨，疏密有致。扬州园林有园即具山石，并以叠石技艺巧夺天工。扬派叠石讲究"中空外奇"，以石叠石，浑然天成；虚实错落，空透奇异。叠石时还注意与水池、花木巧配合，引水布桥，造景别有洞天，可游，可观，可居，深处深不可测，突兀处险象万千。扬州地处江淮平原，四周无山也无石，石料全从外地运进，石料相对来说较小，品种繁杂。峰峦多用小石包镶，根据石料的特性（石形、石色、石纹、石理、石性等）堆叠不同的山峰，辅以花卉树木，形成一处处个性鲜明的山景，将诸多山景汇于一园，相互映衬、比照，缩天地于咫尺之间，给人丰富的美学感受。

在扬州园林的假山中最为突出的是壁岩，其手法的自然，用材的节省，空间利用的巧妙，似在苏州之上，主要是靠小石包镶堆叠而成。片石山房、小盘谷、何园（图 3-91）、逸圃、余园等有堆叠的壁岩。

b）理水组景，巧于旱园水作

扬州地处江淮平原南端，地形基本平坦。人工叠山理水就成了扬州园林尤其是私家园林、宅园的主要造园手法，即所谓的"旱园水作"。"旱园水作"这一手法较多地融入了北方宅院的特色。扬州园林中的旱园水作主要分为两种：一种是完全学习北方园理水的方式，如何园于进园处贴壁山下凿一汪曲水,驳岸参差,蜿蜒至读书楼,使人行其下,疑入山林。另一种是旱园水意,以地为水,用散置立石或垒叠山石的方法堆出峰峦、峡谷、岛屿、桥梁等形状,使游人宛如置身于山溪、谷涧、渊潭之中,产生无水似有水、水在意中的感受。如个园。

c) 建筑特色

扬州园林建筑的风格介于南北之间,多以文化为背景,建筑形式玲珑精巧,幽雅清静,体现出诗词意境。北雄南秀巧妙结合,建筑结构的比例介于南北之间,细部的建造又融合两者之所长,形成较为雅健的风格,建筑物、廊架的布置灵活善变,随宜安排,从心而化,所造之园,虽不雷同,但法在其中。扬州临近江边,处于南北水系贯通之处,水文化是扬州乡土文化的一大特色,因此园林营构无不因水而活,自然园林建筑的布置和单体形式的表达无不因水而设。

扬州园林建筑一显著的特色便是借用楼层,复道延伸连续不断。沿何园的复道廊(图 3-92)游览可绕园一周。还有借山登阁,穿洞入穴,常使游览者迷惘。

复道游廊或直或曲、或高或低、或离或合、因地赋形,形成一条串联的立体通道,形成全方位景观和多方式游览的途径,把游廊的赏景的变化之美发挥到极致。

• 私家园林特色解析

整体布局具小型集锦园的特点,船厅、读书楼、戏台、觅句廊等多重场景并置,并体现出天人感应、四季轮回的时空观念;擅用曲折的路径、花窗地穴等创造多样的视线关系以借景拓展空间。

叠山脱离了峰石欣赏而发展出独特的中空外奇的扬派叠石技艺,追求山居意境,以拳山勺水写仿真山气势;理水遵循汇水入园不外流的理念而有"天沟"的做法,水体形态仍沿用传统的方池静水,略有曲折蜿蜒的变化,藏首匿尾,偶见"旱园水作"的案例。受南巡盛世形成的运河视角审美影响,园中运用了山石与建筑结合、长楼复廊等构建技巧,构成复杂穿越的园林空间。

园林植物偏重姿态欣赏和比兴含义,兼顾四季有花,重视色香搭配;较早期的园内仍有放鹤饲鱼、置放盆景的明代私园遗俗。

建筑装饰风格较苏南造型更为高大刚直,色彩更为素雅,线条更粗拙质朴,兼有西洋、官式元素,具开放多元之风。

例如:

a. 棣园

棣园(图 3-93)在南河下湖南会馆内。清初为"小方壶",后改名驻春园,嘉庆、道光年间属包氏,改称棣园。棣园分东西两园,皆掘土汇水成

图 3-92　何园复道廊

池,环列湖石假山。堆土于中部,堆叠成南北走向的黄石土石山脉,置爬山廊将棣园划分为东西两园,山脚处分别设计层次丰富的植穴,种竹修篱或遍植芍药与梅树,延伸至各个庭院空间,起到遮挡视线与过渡空间的作用。

可见棣园运用叠山手法形成立体交通,从竖向空间上丰富园林体验,双面复廊横贯园中,将其分为多个区域,形成庭院与园林混合的综合体。叠山置石、双面复廊,此为扬州园林的一大特色,在此园体现得淋漓尽致。在营造意向方面,棣园体现出较浓厚的儒家、道家的思想,园林建筑名称、题词融入了较多的道儒文化意境,如"曲沼观鱼"即来自《庄子·秋水》的"濠濮间想"典故。

b. 休园

休园(图 3-94),在所居后,间一街,乃为阁道,遥属于园东偏,虽游者亦不知越市以过也。阁道尽而下行如坂,坂尽而径,径尽而门,门而东行有堂,南向者"语石"也。堂处西偏,而其胜多在东偏,堂之东,有山障绝伏,行其泉于"墨池"。山势不突起,山麓有楼曰"空翠"。山趾多窍穴,即泉源之所行也。池之水,既有伏行,复有溪行,而沙渚蒲稗,亦淡泊水乡之

图 3-93　棣园

图 3-94　休园

趣矣。之南,皆高山大陵,中有峰峻而不绝。然江南诸山,坐亭则不见,坐顶则见,以隐于林木也。亦如画法,不余其旷则不幽,不行其疏则不密,不见其朴则不文也。此园占地既广,山水断续,由来鹤台之西,而南屋于池北如舟,芦荭水鸟泊之。自是而西,又廊行也,则为墨池之北,沃壤而多树。

由上述可知休园具较浓厚的自然趣味,顺应地势,随径窈窕,因山行水,为扬州叠石构水的典范,园之水景或伏或曲,姿态万千,以山障景,丰富园景空间。造园家以山水画论处理园林中的空间开合、建筑布局及植物配置、山水断续,强调整体景观的旷幽之感,整体景观疏密有致、文朴兼成。

• 寺庙园林特色解析

扬州的寺庙园林在明清时期达到鼎盛,有"扬州八大古刹"(建隆寺、天宁寺、重宁寺、慧因寺、法海寺、高旻寺、静慧寺、福缘寺)之称。著名的古刹多作为皇家南巡时的行宫御苑,如天宁寺,有行宫"御苑",除天宁寺外,还有高旻寺及其南园"御苑"两所、大明寺西"芳圃"、静慧寺内"静慧园"。扬州寺庙园林多受到佛教文化的影响,也部分受到道教文化、伊斯兰教文化的影响。同时扬州的寺庙园林不可避免受到地域文化的浸润,受皇家、私家园林的影响,更多地追求使用造景元素的构成来营造神秘氛围和意境。扬州寺庙园林的特色可总结为以下几个方面:

重视寺庙本身绿化。扬州寺庙园林在主要殿堂的庭院,多栽植松、柏、银杏、七叶树、榉树等姿态挺拔、虬枝苍劲、叶茂荫浓的树种,以适当地烘托宗教的肃穆气氛;而在次要殿堂、生活用房和接待用房的庭院内,则多栽植花卉以及富于画意的观赏树木,有的还点缀山石水景,体现了所谓"禅房花木深"的情趣。

周围环境的融合巧妙。扬州寺庙园林更多的是将宗教建设与风景建设完全糅合为一体,在入口的道路安排、寺庙建筑周边的园林化布置等方面都充分地结合原有的自然地形环境。

开放性强。众多扬州寺庙园林的山门朝运河而开,以便香客进入,开放性较好。多数扬州寺庙园林建筑物较少,山水花木较多,较多地保持着文人园林疏朗、天然的特色,另外很多扬州寺观表现出世俗的美和浓郁的生活气氛。使得其作为宗教活动中心的同时,在一定程度上具备公共园林的职能。

例如:

a. 大明寺

大明寺,即法净寺(图 3-95),为明清时期扬州著名的古刹,也是重要的行宫御苑,位于扬州西北郊蜀冈中峰,选址优越。其园林的营造也更为

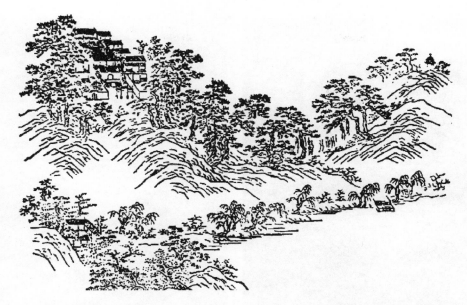

图 3-95　法净寺

考究，大明寺前，有一座古朴的牌楼，其南为一高阜，高阜上苍松翠柏，草木葱茏，如若置身于深山，营造幽静、与俗世相隔的宗教氛围。清朝孔尚任在《平山道弘禅师修创栖灵寺记》中提到，"寺应有者，遂无不有，盖百有余楹矣。夫蜀冈故无松，师觅松秧万本，高下栽之，郁郁森森，望若深山。寺故无梅，今庭院交荫，宛转如花。"清朝万石在《栖灵寺》中提到，"山色过江依槛绿，松声绕径到门苍。"可见其幽静的氛围。

寺院内部也重视植物的配置，于堂前植古藤一架，杂以芭蕉丛竹，配置颇称雅秀。台下幽篁古木之外，远帆闲云出没于旷空有无之间，江南诸峰如拱揖槛前。山门殿东侧偏后为平远楼，楼前一株古琼花。堂前假山一丘，玉兰古柏数株，春时花影扶疏。

西园于法净寺西，亦称"御苑"。是乾隆皇帝多次南巡之地，"天下第五泉"就在其中。塔院西廊井旧址，园内凿池数十丈，潆瀑突泉，陂宛转桥，由山亭南入舫屋。池中建覆井亭，亭前建荷花厅。缘石磴而南，石隙中陷明徐九皋书"第五泉"三字石刻。旁为观瀑亭，亭后建梅花厅，厅前奇石削天，旁有泉泠泠，说者谓即明释沧溟所得井。西园造园手法上因势造景，巧借四周高、中间低的自然地势，以水为主，内设亭台楼阁，因地制宜，精致清雅，营造一种佛理禅性的哲学文化意境。园林构造注重随势造景，巧借四周地势，注重理水及山石构造，形成精致的人文景观。

b. 重宁寺

重宁寺（图 3-96、97），为清朝扬州八大名刹之一，在天宁寺北面，为"平岗秋望"的故址。寺外种植植物营造幽静氛围，寺庙内凿水植竹，富具私家园林的情趣及意味。

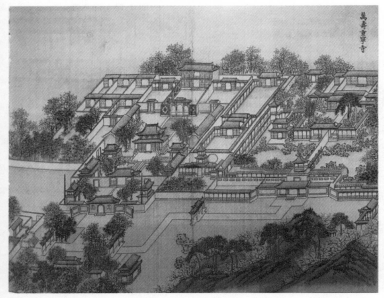

图 3-96　重宁寺

萬壽重寧寺在天寧寺後乾隆四十八年兩淮商人度地庀材
顧請建造永為我
皇上祝
釐之所鹽政伊齡阿念其物料已具率同運司倉聖裔捐俸具
工費據實奏
聞蒙
恩俞允旋
頒到勅賜萬壽重寧寺及普現莊嚴妙香花雨三額恭摹
墨寶敬謹懸掛
天章煥耀士庶欣瞻寺之正殿供奉三世佛旁肖十六羅漢像
殿前東西分建
御碑亭二座鐘鼓樓峙其南又前為天王殿為寺門古樹夾植
望之蔚然深秀殿後為佛樓迤東為文昌閣金碧參差
高下輝映延僧啓建道場恭祝
聖壽極人天供養之隆昭臣民望
幸之切寺左為東園亭臺聯屬一水流通兩淮官商重加修葺
敬備
坐起

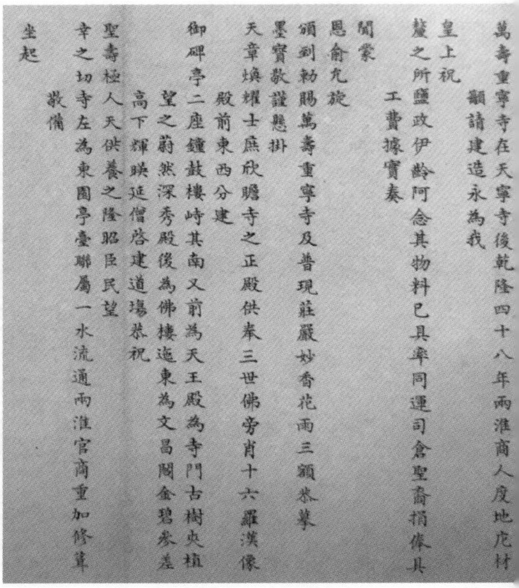

图 3-97　重宁寺录文

山门外植古榆树数十棵，望之蔚然生秀，筑一大戏台。近大殿外有门通方丈室，门内四周植竹，中间有方塘，水木明瑟，缭白萦青，松幢葆盖，清香透毛骨。

重宁寺同样有御苑，为东园，在重宁寺东。门面南，高柳夹道，中建石桥，桥下有池，池中异鱼千尾。过桥建厅事五楹。四围凿曲尺池，池中置磁山，别青、碧、黄、绿四色。室外石笋迸起，溪泉横流。堂右厅事五楹，中开竹径，赐名“琅玕丛”。园墙外东北角，置木柜于墙上，凿深池，驱水工开闸注水为瀑布。入俯鉴室，太湖石罅八九折，折处多为深潭。雪溅雷怒，破崖而下，委曲曼延，与石争道。胜者冒出石上，澎湃有声；不胜者凸凹相受旋濩潆洄。或伏流尾下，乍隐乍见，至池口乃喷薄直泻于其中，此善学倪云林笔意者之作也。门外双柏，立如人，盘如石，垂如柳，游人谓水树以是园为最。

于园中凿池置山，色彩丰富，又有石笋与溪泉相衬，更具自然意趣，在水中养殖金鱼，增添水景生机活力。扬州园林多用此法，巧妙布置瀑布，极富动感、浑然天成。以瀑布取胜，为扬州园林一大特色。种植柏树，营造寺庙肃穆幽静气氛。

② 古典园林分类保护

• 开放基本保存完好但未对外开放的名园、宅园、寺庙、祠堂、墓园；根据上述总结特色，对园内相关特色进行相应的突显，基本保存完好但未对外开放的名园主要有：刘庄、小盘谷、蔚圃、怡庐、匏庐。

• 对史料有记载，但现已不存在的园林，如宅园、寺庙、祠堂、墓园等，根据史料中所述的古典园林意象，结合总结出的扬州园林特色，在其遗址上开发遗址公园，尽量还原真实的扬州古典园林特色。

园林遗址主要有：棣园、平园、贾氏庭园、容园、庚园、魏氏逸园、八咏园、补园、田氏小筑、容膝园、梅氏逸园、杨氏小筑、小圃、安氏园、约园、壶园、逸圃、冬荣园、芸圃、蛰园、瓢隐园、刘氏小筑、李氏小筑、刘氏筑园、辛园、休园。

（2）多个城市街旁绿地

扬州街旁绿地建设尊重自然和文脉。依据城市总体规划分区，选择瓜洲分区、西部分区、东南分区布置街旁绿地，以"人文扬州"为主题，艺术化体现扬州历代文人墨客及其学派、画派、诗词歌赋；选择老城区及北城河一线地区，结合旧城区改造，因地制宜增加古城区内绿地，街旁绿地作为城市历史文化内涵的重要载体，与历史遗迹保护、文化的传承紧密结合，通过原样保留、改造后保留、恢复意境的仿建以及修建纪念基地（建设街旁绿地的场地）历史的小品等方式铭记古城历史、延续文脉；选择港口分区、江阳工业园区和开发区，布置"e时代之源""音之谷""光之道"等为主题的街旁绿地，集中展示科技力量，体现"时代扬州"主题；选择拥有丰富的河网水系资源和广阔开敞的绿色空间的河东分区、扬子津分区布置街旁绿地，以"生态扬州"为主题，营造水城共生、水绿相依的特色景观；选择西南部分区、东部分区布置街旁绿地，以园林小品的形式，把剪纸、"广陵十八格"灯谜、"维扬棋派""维扬风筝"等代表扬州传统民俗活动艺术化展现出来，体现"生活扬州"主题。

3.5.6.5 城市绿地景观规划设计引导

1）规划原则

（1）坚持社会性原则 赋予环境景观亲切宜人的艺术感召力，通过美化城市环境，体现地方文化，促进人际交往和精神文明建设，并提倡公共参与设计、建设和管理。

（2）坚持经济性原则 顺应市场发展需求及地方经济状况，注重节能、节材，注重合理使用土地资源。提倡朴实简约，反对浮华铺张，并尽可能采用新技术、新材料、新设备，以达到优良的性价比。

（3）坚持生态原则 应尽量保持现存的良好生态环境，改善原有的不良生态环境。提倡将先进的生态技术运用到环境景观的塑造中去，促进人类的可持续发展。

（4）坚持地域性原则 应体现所在地域的自然环境特征，因地制宜地创造出具有时代特点和地域特征的空间环境，避免盲目移植。

（5）坚持历史性原则 要尊重历史，保护和利用历史性景观，对于历史保护地区的绿地景观设计，更要注重整体的协调统一，做到保留在先，改造在后。

2）总体环境

（1）环境景观规划必须符合城市总体规划、分区规划及详细规划的要求。要从场地的基本条件、地形地貌、土质水文、气候条件、动植物生长状况和市政配套设施等方面分析规划方案的可行性和经济性。

（2）依据城市绿地的规模和形态，从平面和空间两个方面入手，通过合理的用地配置，适宜的景观层次安排，必备的设施配套，使公共空间与私密空间达到优化，使绿地空间整体意境及风格塑造达到和谐。

（3）通过借景、组景、分景、添景多种手法，使绿地空间内外环境协调。濒临城市河道的绿地宜充分利用自然水资源，设置亲水景观；临近其他类型景观资源的绿地，应有意识地留设景观视线走廊，促成内外景观的交融；毗邻历史古迹保护区和处于历史古迹保护区内部的绿地应尊重历史景观，让珍贵的历史文脉溶于当今的景观设计元素中，使其具有鲜明的个性，并为保护区的开发建设创造更高的经济价值。

（4）人文环境

① 应十分重视保护基地的文物古迹，并对保留建筑物妥善修缮，发挥其文化价值和景观价值。

② 要重视对古树名树的保护，提倡就地保护，避免异地移植，也不提倡从基地外大量移入名贵树种，以免造成树木存活率降低。

③ 保持地域原有的人文环境特征，发扬优秀的民间习俗，注重从扬州诗词、文学、书法、绘画、戏曲、雕版、篆刻等物质形态、非物质形态艺术中提炼代表性设计元素，创造出独具地方特色的绿地景观。

（5）新建绿地景观规划建设保持扬州雄秀兼备的风格，鼓励采用现代景观设计手法对传统风格进行演绎，鼓励新材料、新技术的运用。

3）新城区绿地景观设计手法引导

新城区是一个城市对外开放的窗口，同时也是该城市经济发展的必然结果。它不但在经济上对整个城市起着举足轻重的作用，在文化上也起到传输和引入的作用。它受现代生活节奏的制约，把当地的地方特色与各种外来文化相结合，形成一个相对复杂的结构体系。因此我们必须在保留本地特色和优势的基础上有选择地吸收外来文化。

绿地建设在尊重其独特的自然和文脉、城市肌理、地形、地貌和空间景观资源的基础上，城市绿地应作为城市历史文化内涵的重要载体，与历史遗迹保护紧密结合。因此，城市绿地建设可通过原样保留、改造后保留、恢复意境的仿建以及修建纪念基地历史的小品等方式保留基地历史，创造富有地方特色的城市绿地，凸显扬州城市特色。

（1）原样保留　对于基地中原有的一些建筑局部、设施、树木等不做任何改动，直接作为新绿地的构成元素。（记忆）

（2）改造后保留　对于基地中原有的一些建筑、设施等进行外观修缮，保持或调整原有功能后，作为新绿地的构成元素。（肌理）

（3）恢复意境的仿建　仿照基地中原有的一些建筑、设施等，局部重建或以原有形式，变化尺度进行造景，重在意境的恢复。（名人故居、历史遗迹）

（4）修建纪念基地历史的小品　提取基地中原有的历史信息，采用纪念小品的方式展示给游人。（历史人物、事件）

（5）老材料的再应用　将基地中拆除下来的部分建筑材料等，重新使用在新绿地的建设工程中，并适当加上提示信息，让游人知道这是旧物利用。（记忆、回忆）

3.5.6.6　城市绿地对非物质形态文化遗产的保护与继承

非物质形态文化遗产是城市文化的重要部分，对其进行保护和传承具有重要的意义，扬州的非物质文化遗产丰富，例如：绘画艺术、戏曲、剪纸等，故在绿地景观规划的过程中，融入非物质文化遗产的元素，可使城市绿地更加深入地体现扬州地方特色。主要从传统地名、传统文化、扬派盆景三个方面对非物质形态文化遗产进行保护。

1）传统地名的保护

传统地名是古代历史文化的载体，是扬州文化特色的重要组成部分，扬州是历史文化名城，翻开《扬州画舫录》（图 3-98），一些富有诗情画意的名称便会扑面而来，如杏花村舍，绿杨村、春波桥等，尤其是那些保留至今的小街巷名称，犹如一幅古代扬州的民俗画卷（图 3-99）。所以，郁达夫说，扬州之美，美在各种的名字。园林部门加强城市绿地和景点的命名管理工作，主动开展工作，多听取广大市民的意见。命名工作要有统一的规划和论证，在具体命名方面突出扬州文化特色。有关部门成立命名注册机构和地方专家议论小组，使每一块绿地、每个景点的命名，都成为"文化扬州"的具体标识。

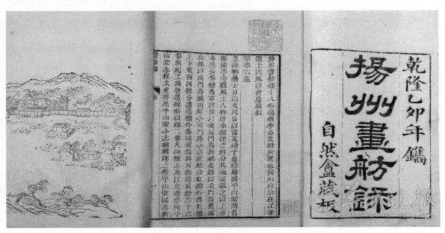

图 3-98　《扬州画舫录》

图 3-99 扬州地名

2）传统文化的保护和发扬

扬州自古以来人文荟萃，历史文化积淀深厚。扬州学派、"扬州八怪"绘画艺术，扬州戏剧曲艺，雕版印刷，扬州漆器、玉器、剪纸、灯彩、通草花，扬州盆景，淮菜系等均独具特色，国内外影响深远，是扬州传统文化的重要内容。城市绿地应作为城市历史文化内涵的重要载体，与历史文化的传承紧密结合。扬州绿地建设或以景观设计的手法、以园林小品（图 3-100）的形式，把剪纸、雕刻、绘画、古琴、清曲、评话、"广陵十八格"灯谜、称雄一时的"维扬棋派"、花式繁多的扬州踢毽子，以及独树一帜的维扬风筝、"淮灯彩"、瘦西湖"沙飞船"、扬州养鸟、扬州斗虫、"扬州三把刀"等传统活动（图 3-101）等代表扬州传统文化的物质、非物质形态的地方文化生活，艺术化地再现到城市绿地空间，把物质形态的绿地景观设计与物质、非物质形态的地方文化遗产保护紧密结合，创造富有地方特色的城市绿地，传承扬州典型的地方文化生活，凸显扬州城市特色。

3）扬派盆景保护

扬派盆景（图 3-102）久负盛名，享誉海内外。扬派盆景是中国盆景的主要流派之一。盆景的民族风格、个人风格、地方风格、流派；尤其是流派的优秀作品就集中地体现了本地域盆景的特点和精华。要通过科学规划，充分体现扬州盆景的历史、文化、科学和经济价值。要结合扬州的实际情况，通过加强宣传教育，提高全社会保护扬州盆景的群体意识。通过深入调研，理顺关系，市场化运作，扶持盆景产业的发展，培养年轻盆景艺

图 3-100 扬州民歌民乐公园中的文化小品

图 3-101 扬州传统娱乐活动

图 3-102 扬派盆景

术大师。同时,在继承和发扬传统扬州盆景风格的基础上,进行立意创新,使盆景艺术真正表现当今的社会时代内容,促进扬派盆景的发扬光大,使之为文化扬州增辉,为旅游名城增色。

扬州盆景久负盛名,但也应看到如今已有名无实。因此在研究现有扬州盆景的起源、历史的基础上,进一步开展盆景快速成型和盆景风格流派的研究,整合现有盆景资源,引进或创造新的栽培管理技术。

加快对盆景人才的培育,吸收年轻爱好者、有事业心者继承盆景工作,使扬州盆景发扬光大,能世世代代传下去。

进一步发展扬州商品盆景,以市场为导向,以生产基地为依托,以标准化为基础,以质量为生命,内外销相结合,做到规模化、规范化、专业化、科学化和艺术化。

3.5.6.7　树种规划

在城市园林中,树种是较为重要的组成部分之一,其不但具有绿化等功能,而且还能充分体现出城市园林的地方特色。所以,优选树种对于城市园林绿化建设具有非常重要的意义。为了确保园林树种的选择更加科学、合理,就必须做好树种规划工作。在进行树种规划前应对当地植物文化特色进行深入的解析,如此才能更加合理、贴切地选择出突显地方特色的植物。

1)扬州植物文化解析

(1)植物文化概述

植物是绿地景观的构成因素之一,花草树木在园林景观中不仅起着构建环境、渲染气氛和衬托主景的作用,还担任着文化符号的角色,即能传递园林设计者和使用者所寄予的思想情感和审美情趣,又能凸显城市整体景观风貌与绿地景观特色。因此植物所包含的文化信息是园林设计中决不可忽视的方面,也是绿地文化表达和主题营造的重要载体。

扬州园林和绿地景观建设具有悠久的历史和深厚的文化底蕴,其中植物文化能够深刻反映出扬州城市绿地的地域特色。"一枝一叶总关情",扬州园林的植物景观从某种程度上来说不仅是物质景观的依托,其承载的更多是扬州社会不同阶层人士的人生情怀。因此对于扬州植物文化形成发展和代表意向的梳理是必要的。

① 文化　广义的文化是指人类在社会实践过程中所获得的物质、精神的生产能力和创造的物质、精神财富的总和。狭义的文化指的是精神生产能力和精神产品,包括一切社会意识形态:自然科学、技术、社会意识形态等。

在中国古代文字中,"文"是指事物的外在美好的再现,且这种外在美好与事物的内在美好一致。"化"是指事物的转化和变化。《周易》说:"刚柔交错,天文也;文明以止,人文也。关乎天文,以察时变;关乎人文,以化成天下。"就是说观察自然界的各种现象,能知道精神季节变化,便于在生产生活中做出相应的调整;观察人类各种美好的风尚和精神,就能用以教化天下,用美德去影响他人和感化他人,使人的境界得以提升。因此,"文化"一词反映了从个人道德的提高,发展到整体人类道德的提高。

"文化"与"天然"或者"自然"既相区别又紧密联系,它是人按照自己的需要和能力对自然进行改造、解释、包装的过程和成果。文化是人参与创造的产物,诸如饮食文化、服装文化、建筑文化等等都离不开人的活动。自然界有人的活动,文化才会产生,反过来,文化又对人的生活产生影响,这就是文化的"人化"与"化人"。千万年来,山野的花草开了又谢,不是文化,而只是自然现象。某一天有人将之摘下,送给了另一个人,这就诞生了文化。人不同于自然物而具有特有的情感、智慧与人格等,人可以认识自我,并按照某些价值理念来改造和控制自己的天性,比如人类从原始的茹毛饮血和自然杂婚生活演化到文明社会,形成了更为复杂和高级的生存发展行为规则,促使了道德、宗教、政治、法律的诞生,并以此来约束、改造和提升人本身,这就是文化的高层次。作为带有传承性、变异性和历史性的特有的文化,其最终的目的是使人向善。

②植物文化 植物文化,简单地说,就是人们利用植物供人类生存所衍生的各种文化,包括物质生活及精神两种层次。一方面,人利用植物作为自己的生产生活资料;另一方面,人们往往由植物的颜色、外形、习性、功能等特点而引申种种联系,借之祈福消灾、表达思想观点、寄托情感与理想。植物被赋予许多人自身思维活动的文化内涵,成为文化的载体,具备了文化色彩、美学价值和宗教含义。不同民族和地区的人民,由于生活、文化和历史习俗的原因,对不同的植物常常形成带有一定思想感情的看法,甚至上升为某种概念上的象征,即植物的美,除了可观赏色彩美和姿态美外,还有一种比较抽象的、却极富于思想感情的美,可称为含蓄的美、寓言的美,又或者是意境的美,正所谓景外之景、弦外之音。这种融汇了人们的思想情趣与理想哲理的精神内容,既表现出传统的一面又有随着时代而发展的一面,它对培养精神文明具有潜移默化的作用。如我国传统文化中,人们将松柏的美德与实际效用意念化,并推广至社会生活中,用"岁寒三友"——松竹梅寓意品格坚韧、友谊忠贞长存;而将富丽堂皇、花大色艳的牡丹视作繁荣兴旺的象征。植物体现的文化使人们提高审美情趣、了解历史人文和接受道德观等方面的教育,在人类文明的长期进程中,与人类文化有机结合,从而向人们传达着浓郁的文化气息。

中国被誉为"园林之母",不仅园林树木资源极为丰富,而且拥有悠久的植物栽培、驯化、利用的历史。在漫长的植物利用历史过程中,植物与人类生活的关系日趋紧密,加之与其他文化相互影响、相互融合,衍生出了与植物相关的文化体系,包括了物质层面(即与其食用和药用价值相关联的文化)和精神层面(即透过植物这一载体反映出的传统价值观念、哲学意识、审美情趣、文化心态等等)。

(2)扬州代表性植物文化

"政有兴废,诗无绝响",从古到今吟咏扬州的诗词无数,其中富有扬州特色的植物成为诗歌写景和抒情不可或缺的部分。"参差红菡萏,迤逦绿菰蒲""琼花芍药春次第,扬州风物总诗情""杏花开遍扬州雨,柳色浑铺瓜渚烟"……诗词中的琼花、芍药、杏花、柳等植物意象不仅塑造了优美朦胧的意境,更因被赋予了历史文化内涵而使得表情达意更含蓄典雅。其中,出现频率最高的三种植物分别为竹、芍药与柳,说明此三植物意向及其传承的文化最能代表扬州植物文化的地域特色和城市性格,也从侧面反映了扬州绿地建设和园林的特色。

①"树色连云万叶开,王孙不厌满庭栽"——竹

• 栽培历史与象征意义

扬州这座城市自古与竹就有不解之缘,竹是扬州的特色和知名植物,竹是扬州的象征、竹是扬州的名片、竹渗透到扬州人的物质和精神生活之中,竹文化是扬州文化的重要组成部分。

战国时的《尚书•禹贡》记载"淮海惟扬州……筱荡既敷,厥草惟夭,厥木惟乔……厥篚织贝,厥包橘柚……。"这里的"筱"为小竹子,"荡"为大竹子,"篚"为竹器,"包"为冬笋。说明那时扬州就有大面积的竹林分布,所以才有竹材、竹笋的进贡。

隋炀帝于扬州建长阜苑,竹是苑中造景的主要植物,唐代鲍溶《隋宫》中有"柳塘烟起日西斜,竹浦风回雁弄沙"的诗句就是当时园景的真实写照。

日本僧人圆仁(793—864),从日本到在唐朝学习将近十年,他用汉文写的《入唐求法巡礼行记》记载唐代的扬州城的景象是"竹木无处不有,竹长四丈许为上"。唐代姚合的《扬州春词》三首中"园林多是宅,车马少于船""有地惟栽竹,无家不养鹅"也是扬州自古多竹的写照。

康熙帝南巡,为天宁寺留下了大量题字、诗歌、楹联,成为这座寺庙的特殊财富(图 3-103)。其中有"寄怀兰竹"匾额,《幸天宁寺》五言诗:"十

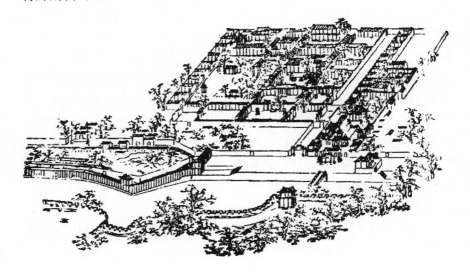

图 3-103   天宁寺行宫

里清溪曲,丛篁入望深。暖催梅信早,水落草痕侵。俗有鱼为业,园饶笋作林。民风爱淳朴,不厌一登临。""空濛为洗竹,风过惜残梅。鸟语当阶树,云行动早雷。晨钟接豹尾,僧舍踏芳埃。更觉清心赏,尘襟笑口开。"说明清代扬州竹子很多。

扬州与竹有关的名胜古迹众多,最为著名的是现在位于扬州城北的竹西公园(图 3-104)。竹西公园是在原竹西旧址上兴建的。晚唐诗人杜牧多次到扬州来过,杜牧《题扬州禅智寺》中有"谁知竹西路,歌吹是扬州",这就是"竹西"二字的出处,后禅智寺改名为"竹西寺",寺中建"竹西亭",这便是"竹西"称谓之由来。宋代姜夔《扬州慢》中有"淮左名都,竹西佳处",清乾隆帝南巡时曾临幸禅智寺,并御题"竹西精舍","竹西"也就成了扬州的别称或代名词。曹雪芹的祖辈曾经在扬州为官,曹雪芹在北京完成《红楼梦》初稿后,总感到灵感不够,很多地方写的不很理想,便移居扬州,在扬州的竹西寺吸取扬州文化和历史的精华,对《红楼梦》初稿进行了修改和润色,极大地丰富了作品内容、深化了作品涵义。现在所看到的《红楼梦》中有 150 多处涉及竹子、描述竹子、赞美竹子,不能不说其中许多与扬州的竹子、扬州竹文化是分不开的。

扬州历史上曾聚集了一大批著名的学者、诗人、画家,竹因其本身的姿态美,以及积淀其上的文化内涵,被历代文人墨客欣赏,也同样被扬州的文人士子们所钟爱(图 3-105)。清"扬州八怪"之首的郑板桥,就写有"二十年前载酒瓶,春风依醉竹西亭。而今再种扬州竹,依旧淮南一片

图 3-104　扬州竹西公园

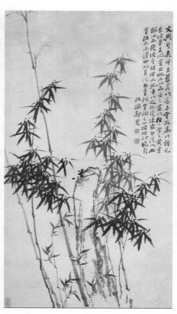

图 3-105　《竹石图》——清·郑板桥

青。"的诗句。"扬州竹",这是一个极富有诗意的名称,就像"扬州月"一样(天下三分明月夜,二分无赖是扬州),让人在不经意间,读懂了一个城市,读懂了一个城市的历史与文化。"扬州竹"已成为扬州的特色和知名植物,成为扬州的象征。

- 竹与扬州园林

竹类,是长江以南植物区系的一个特色。扬州虽然地处长江以北,可事实上气候与江南相仿,适于多种竹类的生长;加上扬州的文人画士大多赏竹、爱竹、画竹、吟竹,郑板桥爱竹甚至到了"无竹不人居"的地步。由这些画家配置、构图的扬州园林,自然与修竹难解难分。竹类,也就成了扬州园林中普遍运用的植物之一。唐代姚合有诗《扬州春词》三首,"暖日凝花柳,春风散管弦。园林多是宅,车马少于船。""满郭是春光,街衢土亦香。竹风轻履舄,花露腻衣裳。""有地惟栽竹,无家不养鹅。春风荡城郭,满耳是笙歌。"四季常青、婵娟挺秀、意态潇然的修竹,恰好体现了江南园林"雅"的风格。

据文献记载,西汉时扬州的园林开始兴建,刘氏皇族吴王、江都王、广陵王的都城均建有宫室林苑,如吴王刘濞曾在广陵(今扬州)北郊雷陂(雷塘)筑台。

南朝宋文学家鲍照《芜城赋》中有"若夫藻扃黼帐,歌堂舞阁之基;璇渊碧树,弋林钓渚之馆"之赋句,说明扬州和早期园林中就种植了竹林。

《宋书·徐湛之》载:"城北有陂泽,水物丰盛……果竹繁茂,花药成行。招集文士,尽游玩之适,一时之盛也。"可见,在当时竹子就是园林造景的重要植物。

欧阳修号称"六一居士",任扬州太守时在平山堂(图 3-106)种植竹子,《避暑录话》称:"环堂左右老木参天,后有竹千余竿,大如椽,不复见日色,苏子瞻诗所谓'稚节可专车'是也。"说明了当时平山堂的竹子非常大、非常多、非常茂盛。

扬州园林在元代比较衰落,但元末著名文人成元章的居竹轩,是扬州历史上第一座以"竹"命名的园林。园主人从平淡的竹景中取得意境,造成一种"老夫住进山阴曲,万竹中间一草堂"(元代王冕《扬州成元章居竹轩》)的幽雅环境,达到了人种竹,竹依人,人化为竹,竹化为人,物我两忘,天人合一的境界。

明代大兴造园之风,扬州园林得到了很大的复兴,这些名园中均用竹景作为主景和辅景配置。

明代造园艺术巨匠计成中年前在仪征、扬州等地,中年后定居镇江,将自己一生的造园经验进行总结、提炼、加工,写成了世界上第一部系统研究总结古典园林设计建造理论的巨著《园冶》。计成主持建造的三处著

图3-106 平山堂

名园林是东第园、寤园、影园，其中东第园在常州，寤园在仪征，影园在扬州。影园旧地就是现在的荷花池公园。影园是计成设计并督造的成就最高的一座园林，在当时名园众多的扬州，被公推为第一名园。因地在柳影、水影、山影之间，著名书画家董其昌将其命名为"影园"。

清代扬州园林建设盛况空前，扬州园林成为江南园林的代表之一。到了乾隆年间，私家园林遍布扬州城，名园胜迹散布在瘦西湖的两岸，出现了以"西园曲水"（图3-107）等二十四景为代表的湖上园林六十余座，有"园林之盛，甲于天下"之誉。清代扬州园林以竹命名的有筱园、个园、水竹居、竹楼小市、三分水二分竹书屋等。以竹造景成了清代扬州园林造景的特征，达到了"无园不竹"的程度，可谓是"处处修草绿筱，片片青碧竹海"。

现在扬州园林名胜中以竹为名、竹景出色的有个园、禅智寺"竹西芳径""锦泉花屿"之绿竹轩、"筱园花瑞"、大禹风景竹园等。个园位于扬州东关街，是清嘉庆、道光年间两淮商总黄至筠（黄应泰）在寿芝园旧址上修建的。园内植竹万竿，园名取苏轼"宁可食无肉，不可居无竹；无肉令人瘦，无竹令人俗"的诗意，同时三片竹叶组成的形状非常像"个"字，而"竹"字是由两个"个"所拼合而成，所以古时候的人常常用"个"字来代替竹字，清代袁枚有"月映竹成千个字"，《六书本义》有"个，竹一枝也"，《史记·货殖列传》有"竹竿万个"。而园主十分爱竹，于是取"竹"中之"个"，这"个"乃竹之提喻，且形似竹叶，故名个园。在园门的正上方中间的石额上刻"个"字，形如二片竹叶。不过在扬州，对"个"还有三种说法，一是"个"亦有"独一无二"之意，即园主人希望他所建造的园子是世界上独一无二的，

图 3-107 西园曲水

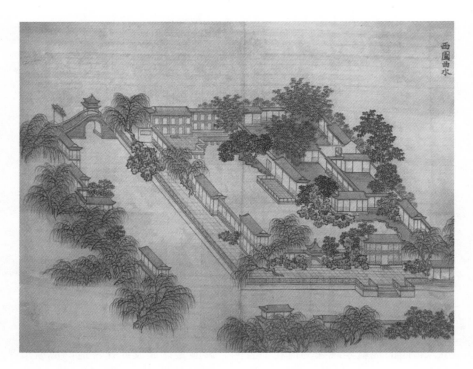

二是"个"是"竹"字的一半，以此隐喻园中植有世界上一半的竹子，三是在画中国画时"个"由三笔组成伞形，象征天时、地利、人和三者鼎力扶持，这正是商人所期盼的境界。

个园的四季假山实际上是用不同的石头以分峰叠石的方法，利用木石之间的不同搭配，幻化出春、夏、秋、冬四季之景色。其中春山（图3-108）以青竹配置参差不齐、错落有致的石笋石，意寓雨后春笋、欣欣向荣的景象。

竹林、竹径、竹丛是个园的重要组成部分，个园现已种植观赏价值很高的竹子 80 多种，还建了竹语馆、竹盆景馆、兰花馆、竹西佳处等竹文化景点，其到处竹石造景、花丛竹径、清丽满目、万竿千姿、呼之欲出。

个园之"个"隐喻竹，竹又隐喻人。个园的主人黄至筠认为竹具有高尚的品格，本固、心虚、体直、节贞，有君子之风，他在住宅汉学堂里挂的郑板桥对联："咬定几句有用书，可忘饮食；养成数竿新生竹，直似儿孙"，就是用来教育自己的子女要像竹子那样正直。

禅智寺"竹西芳径"。故址在扬州东门外月明桥北。1989 年在原竹西故址上兴建竹西公园，禅智寺是隋唐时期扬州最著名的寺庙之一，名声远播全国。关于禅智寺故址，史书中有很多记载。《大清一统志》记载："在府城东一十五里，本隋炀帝故宫，后建为寺。"《扬州览胜录》记载："禅智寺即上方寺，在便益门外五里，地居蜀冈上，冈势至此渐平，寺本隋炀帝行宫。"《扬州画舫录》记载，"竹西芳径"在蜀冈上，冈势至此渐平。扬州北

图 3-108　个园春山

郊,蜀冈中峰向东至湾头,方圆十余平方公里的地域都称之为"竹西"。"谁知竹西路,歌吹是扬州","竹西"成为扬州的代称。月明桥、竹西亭、昆丘台、三绝碑、苏诗石刻、吕祖照面池、蜀井、芍药合称"竹西八景"。宋姜夔《扬州慢》中的"竹西佳处",清代扬州景物中的"竹西芳径",乾隆题的"竹西精舍",都是来源于此,影响深远。

历代咏竹西的诗词有 800 多首,到过"竹西芳径"的皇帝有 11 位,大文豪李白、杜牧、苏东坡、欧阳修、吴敬梓、曹雪芹、"扬州八怪"等均在竹西留下多篇诗文佳作。

"锦泉花屿"之绿竹轩。《扬州画舫录》记载,"锦泉花屿"(见图 3-73)园分东西两岸,中间有水相隔,水中双泉浮动,故又名"花屿双泉"。现在瘦西湖万花园景区内恢复重建的"锦泉花屿"区域内有水牌楼、清远堂、藤花书屋、绿竹轩、水厅等景点。"锦泉花屿"保留了扬州园林传统的造园风格,栽种了各种形态的竹子上万株,并且有很多是珍稀竹种,已经形成自身的特色,"锦泉花屿"之绿竹轩成了扬州的"小个园"。

"筱园花瑞"。《扬州画舫录》记载:"筱园"本称"小园",是清朝康熙年间翰林程梦星告老还乡时购置的住所。旧址在今瘦西湖公园内,乾隆年间,名士卢雅雨为纪念欧阳修、苏东坡和王文简,将筱园改名为"三贤祠",因卢雅雨来扬州考察时,见院中芍药花开三蒂,他以为很吉祥,故又称此景为"筱园花瑞"。"筱园花瑞"旧址现大部分为中国铁路总公司扬州疗养院,占地五十余亩,该院采用古典园林建筑风格,古色古香,与瘦西湖景

图3-109　扬州大禹风
景竹园

区、扬州古城风貌相融合,广植各种竹子,修竹万竿、花浓竹淡、绿猗可爱、幽静秀美,整体布局基本保留了清代遗址的风格风貌,被江苏省命名为"园林式单位"。

大禹风景竹园(图3-109)。该园位于扬州江都的北郊丁伙镇,由江都农民禹在定、禹迎春父子1999年创建,现已初具规模,占地面积30 hm²,成功引进培植了各种观赏竹80余种,集观赏竹、盆景竹生产与生态观光旅游于一体。

② 芍药

扬州的土壤气候极适宜于芍药的生长,扬州芍药品种繁多,质量优良。是扬州历史上广为种植的植物,以明清时期尤为胜,《扬州画舫录》中记录,"画舫有市有会……夏为牡丹、芍药、荷花三市"。扬州沿保障河桥边遍为芍药,每逢时节举行相应的芍药花市、花会,《扬州画舫录》曾述"扬州芍药冠天下",芍药大量的种植与应用,使其逐渐成为扬州特色中的一个重要元素。

· 芍药与诗词

因扬州芍药的闻名,众多古籍、诗词中皆对扬州芍药有所记载。其中还有为扬州芍药而写的专著,包括刘攽所著《芍药谱》、王观的《扬州芍药谱》、孔武仲的《芍药谱》三部著作。王观的《芍药谱》曾云:"扬州芍药,名于天下,非特以多为夸也。"可见扬州种植芍药之多。

众多诗人咏赞扬州芍药,或以其寄托自我情思。宋代诗人姜夔在其诗《扬州慢·淮左名都》中寄情,"念桥边红药,年年知为谁生。"宋代诗人晁补之有诗咏芍药,"人间花老,天涯春去,扬州别是风光。红药万株,佳名千种,天然浩态狂香。尊贵御衣黄。未便教西洛,独占花王。困倚东风,汉宫谁敢斗新妆。年年高会维阳。看家夸绝艳,人诧奇芳。结蕊当屏,联葩就幄,红遮绿绕华堂。花百映交相。更秉莒观洧,幽意难忘。罢酒风亭,梦魂惊恐在仙乡。"孙豹人有《小园芍药诗》云:"几度江南劳客思,今年江北绕花行。便教风雨犹多态,花况好时天更晴。"

　　·芍药与扬州园林

　　明清是扬州园林最为繁盛的时期,受这一时期盐商文化的深刻影响,在私家园林中,芍药的应用十分广泛。盐商作为大部分私家园林的造园者,多将其个人意趣融入园林之中,而芍药花开极为艳丽,象征着吉祥富贵、珍奇,符合盐商审美,故深受其喜爱,也因此私家园林中以芍药为园名,将园亭融入芍药元素,广植芍药为景点的例子不胜枚举。例如"白塔晴云"的"芍厅","筱园花瑞"的"瑞芍亭",倚虹园之"芍药栏"等。现以勺园、筱园、棣园进行具体分析。

　　勺园,又称芍园。是种花人汪氏的住宅,以芍药为园名,可见园主对芍药的喜爱以及应用之多,他在园中廊内种植芍药数十畦,在芍药田附近置各式高低不同的盆景,以成园景。

　　筱园(图3-110),本为小园,在廿四桥旁,康熙年间是一种植芍药的地方,筱园约四十亩,但园中十余亩地皆被开垦为芍田。园中园亭还以芍药为名,如:红药栏、瑞芍亭等。《扬州画舫录》中记载,瑞芍亭在药栏外芍田中央。卢公转运扬州时,三贤祠花开三蒂,时以为瑞。以马中丞祖常"瑞芍"额于亭,联云:"繁华及春媚(鲍照),红药当阶翻(谢朓)。"杭董浦太

图3-110　筱园

图 3-111 芍田迎夏

史有诗云："红泥亭子界香塍,画榜高标瑞芍称。一字单提人不识,不知语本马中丞。"又云："交枝并蒂倚东风,幻出三头气自融。细测天心征感应,为公他日兆三公。"又云："瑟瑟清歌妙入时,雕阑深护猛寻思。可知十万娉婷色,只要翻阶一句诗。"皆志此时盛事也。扬州芍药冠于天下,乾隆乙卯,园中开金带围一枝,大红三蒂一枝,玉楼子并蒂一枝,时称盛事。由此可见扬州芍药品种之奇,花开之艳丽。

棣园,其十六景之一,芍田迎夏(图 3-111)。画中录文为："方田一棱在育鹤轩左,竹西芍药田,不减丰台盛,当年金代围,事缘佳客胜。招邀夔尾杯,诸公还乘兴。"芍田迎夏作为棣园重要景点也以芍药为名,借鉴筱园造园之法,在园中辟一块芍药田为景点单独欣赏。

③ 琼花

扬州琼花以其清雅婉约,温润无瑕而闻名于世。提及扬州琼花,相关传说不胜枚举,但不得不说,琼花已成扬州意象的重要代名词之一,是独具扬州特色的植物品种。

·琼花与诗词

众多文人墨客为扬州琼花题诗咏赞,唐代来济有咏琼花诗一首,"标格异凡卉,蕴结由天根。昆山采琼液,久与炼精魂。或时吐芳华,烨然如玉温。后土为培植,香风自长存。"宋代文人晁补之在《扬州杂咏七首》中有"五百年间城郭改,空留鸭脚伴琼花"的著名诗句。宋朝诗人韩琦有诗为《琼花》，"维扬一株花，四海无同类。年年后土祠，独比琼瑶贵。中含散水芳，外团蝴蝶戏。酝酿不见香，芍药惭多媚。扶疏翠盖圆，散乱真珠缀。不从众格繁，自守幽姿粹。"刘敞赞赏琼花"东风万木竞纷华，天下无双独此花"，欧阳修"无双亭"旁植琼花，为亭赋诗："琼花芍药世无伦，偶不题诗便怨人。曾向无双亭下醉，自知不负广陵春。"

从上述诗篇中可得知扬州琼花的风姿绰约、高洁无瑕，不同时期的诗人皆对其赞许有加，赞扬其美丽、天下无双，将其比喻为高洁的品格，独扬州琼花得此声名。

· 琼花与扬州园林

琼花在明清扬州园林中应用广泛，常将琼花和牡丹相配植。《扬州画舫录》中记载，洛春堂在真赏楼后，多石壁，上植绣球，下栽牡丹。洛春之名，盖以欧公《花品叙》有"洛阳牡丹天下第一"之语，因有今名。郡城多绣球花，恒以此配牡丹，绣球之下，必有牡丹；牡丹之上，必有绣球。相沿成俗，遍地皆然。北郊园亭尤甚，而是堂又极绣球、牡丹之盛。绣球种名不一：有名"聚八仙"者，昔人又因有"琼花"为"聚八仙"者，遂相沿以绣球为琼花。

扬州有众多以琼花而闻名的园林，琼花观（图 3-112）就为其中的一个典型，古时观中种植琼花，花开温润无瑕，以为雅观，琼花观因此得名。观中多以琼花为景点题名，如：琼花台、聚琼轩等。

④ 柳

"绿杨城郭"为扬州重要城市印象，扬州多于城市水系旁植柳树，古时隋炀帝为巩固大运河，在河畔大量种植柳树，至明清时期，为博皇帝青睐，

图 3-112　琼花观

盐商沿湖植柳建园营造宛转绵延的景致,形成了"两岸花柳全依水,一路楼台直到山的"的盛况,大量种植的柳树逐渐深入扬州,成为其城市特色的重要部分。

· 柳与诗词

扬州的春景与花柳密不可分,诸多诗词歌颂描绘了春柳景色的温婉柔美,芳草柳影里藏着整个郡城的春天。唐代姚合有诗《扬州春词三首》,"暖日凝花柳,春风散管弦。园林多是宅,车马少于船。"清朝黄慎有诗《维扬竹枝词》,"人生只爱扬州住,夹岸垂杨春气薰。自摘园花闲打扮,池边绿映水红裙"。清朝王士禛作《浣溪沙·红桥》:"北郭清溪一带流,红桥风物眼中秋,绿杨城郭是扬州。西望雷塘何处是?香魂零落使人愁,淡烟芳草旧迷楼。""白鸟朱荷引画桡,垂杨影里见红桥,欲寻往事已魂消。遥指平山山外路,断鸿无数水迢迢,新愁分付广陵潮。"

从上述诗词中可见柳在扬州栽植的广泛,柳树与湖景、花卉、桥影相映成趣,融为一种和谐的美,形成扬州独特的城市风光。

· 柳与扬州园林

柳不仅沿河种植,更多的是应用于园林之中,柳是扬州湖上园林种植最多的植物品种。众多园林以柳作为重要的造景元素,或在园中广植柳树,或以柳为园亭之名,如影园、西园曲水、柳湖春泛(图 3-113)等,现以长堤春柳、南万柳草堂等进行详述。

长堤春柳(图 3-114),是湖上园林的重要景点,以种植柳树之多而闻

图 3-113　柳湖春泛

图 3-114　长堤春柳　　　　　　　　　　　　　　　　图 3-115　南万柳草堂图

　　名,《扬州画舫录》中记载,"长堤春柳"在虹桥西岸,为吴氏别墅,大门与冶春诗社相对……扬州宜杨,在堤上者更大,冬月插之,至春即活,三四年即长二三丈。髡其枝,中空,雨余多产菌如碗。合抱成围,痴肥臃肿,不加修饰。或五步一株,十步双树,三三两两,跂立园中。构厅事,额曰"浓阴草堂"。以植物之景来命厅堂之名,从上述记载也可知此处柳树长势旺盛,柳荫浓绿,独为特色。

　　南万柳草堂(图 3-115),为清代扬州学者阮元的住所。阮元曾在《扬州北湖万柳堂记》中提道:"……湖宽二十里,宜多栽柳以御夏秋水波,取江洲细柳二万枝,兼伐湖岸柳干插之。万柳婆娑,一片绿阴且旧庄本有老柳数百株,堤内外每一佃渔人家,亦各有老柳数十株,乃于庄门前署曰'万柳堂'。"从上述记载中可知,园中柳树数量繁多、绿影婆娑,万柳草堂并非虚名,园中结合原有柳树筑堤植柳、抵御水患的同时,大量种植的柳也成为园之特色,此园柳的应用除种植外也体现于以柳命名景点,如柳堂荷雨。

　　2)树种规划指导思想和原则

　　(1)既切合中国植被区划中的天然群落的分布规律,又符合扬州市城市园林绿化的特点和要求。

　　(2)生态系统一致性

　　以生态学理论为指导,对资源环境与生物多样性进行科学规划、统筹安排、合理布局,逐步提高城市生物多样性与生态系统的稳定性,建设宜人生态生境,体现人与自然和谐发展。

（3）优先重点保护原则

优先保护对维护整体生态平衡有关键作用的物种和珍稀、濒危物种、名木古树、原始生境。对典型性、代表性、稀有性、脆弱性、多样性等方面具有重要价值和潜在价值的物种资源及其生境实施重点保护。

（4）适地适树与乡土植物优先原则

不同的绿地类型具有不同生态环境与景观要求,必须选择与之相适应的植物和相应的景观。以乡土树种为主,适当引进经长期栽培,保持城市固有风貌,反映地域风貌,实现地带性景观与开放型城市的和谐统一。

（5）因地制宜原则

根据生物多样性保护区域的实际情况、保护对象和分布状况以及重要程度,因地制宜,构筑具有地带性特色和相对适宜的绿地系统,创造高质量的动物栖息环境。

（6）可持续发展原则

充分认识到经济发展与环境保护之间的密切联系,在保护生物多样性的前提下兼顾经济的发展,合理开发利用生物资源,处理好局部与整体、眼前与长远利益的关系,从而达到互惠共荣。

（7）景观多样性原则

充分发掘园林植物形、姿、色等观赏特性,构筑丰富多姿、色彩艳丽的多样性景观。打造四季有花、季季有绿的植物景观。以落叶乔木树种为主,使群落季相变化丰富多彩。根据不同景观和功能效果,注重常绿树种与落叶树种的搭配。

（8）近期植物景观效果与远期效果相结合,速生树种、中生树种和慢生树种相结合。

3）树种规划目标

（1）因地制宜,坚持乡土树种与引进树种相结合,创造"春季繁花似锦,夏季浓荫蔽日,秋季层林尽染,冬季绿意盎然"的季相景观,体现北亚热带植物景观特色。

（2）积极引进外来树种,丰富城市树种资源,建立各类树木种类资源库,保护生物多样性。

（3）选择反映城市文化和园林风格的特色树种,构筑城市特色景观。

4）树种选择

（1）基调树种选择

基调树种为城市绿化应用较为广泛,数量较多的植物,在城市中形成统一的植物群落,从保护扬州地区的生态平衡出发,打造四季有花、季季常绿的植物景观。根据植被特点及城市绿化现状,规划确定基调树种如表 3-43。

表 3-43　规划基调树种一览表

序号	种名	科名	学名
1	女贞	木樨科	*Ligustrum lucidum* Ait.
2	银杏	银杏科	*Ginkgo biloba* L.
3	垂柳	杨柳科	*Salix babylonica* L.
4	广玉兰	木兰科	*Magnolia grandiflora* L.
5	国槐	豆科	*Sophora japonica* Linn.
6	意杨	杨柳科	*Populus euramevicana* '1-21'
7	悬铃木	悬铃木科	*Platanus acerifolia* Willd.
8	水杉	杉科	*Metasequoia glyptostroboides* Hu
9	雪松	松科	*Cedrus deodara*（Roxb.）G. Don.
10	圆柏	柏科	*Sabina chinensis*（L.）Ant.

（2）骨干树种选择

城市绿化的骨干树种,是具有优异的特点,在各类绿地中出现频率较高、使用数量大、有发展潜力的树种。根据扬州自然条件、传统文化、城市发展定位及地带植被的不同特点,综合考虑生态、城市景观、植物多样性等因素,规划推荐以下植物作为园林绿化骨干树种(表 3-44)。

表 3-44　规划骨干树种一览表

序号	种名	科名	学名
1	香樟	樟科	*Cinnamomum camphora*（L.）Presl
2	桂花	木樨科	*Osmanthus fragrans*（Thunb.）Lour.
3	枫杨	胡桃科	*Pterocarya stenoptera* C. DC.
4	榉树	榆科	*Zelkova serrata*（Thunb.）Makino
5	水杉	杉科	*Metasequoia glyptostroboides* Hu
6	山茱萸	山茱萸科	*Cornus officinalis* Sieb. et Zucc.
7	女贞	木樨科	*Ligustrum lucidum* Ait.

（3）扬州市特色树种

根据上文对扬州植物文化的解析的案例实际分析,总结出能够体现扬州园林特色的树种如下:柳、竹、银杏、琼花。

① 扬州市地处江淮之间,南濒长江,北据蜀冈,境内地势坦荡,水秀土沃,气候温和,雨水充沛,如此优越的自然条件使扬州市具有较为丰富

图 3-116　绿杨城郭

的物种资源。"绿杨城郭是扬州"（图 3-116），清代王士禛的这一名句，道破了扬州与杨柳的关系。

　　② 竹类是长江两岸植物区系的一个特色。扬州气候适于多种竹类生长，扬州文人画士又大多爱竹、赏竹、画竹、吟竹，郑板桥爱竹甚至到了"无竹不入居"的地步。竹类也就成了扬州园林中普遍种植的植物之一。那四季常青，意态萧然的修竹，体现了江南园林"雅"的风格（图 3-117）。

　　③ 银杏是世界上最古老的树种之一。扬州栽培银杏历史悠久，市区大量种植（图 3-118）。

图 3-117　个园竹韵

图 3-118　史公祠古银杏

图 3-119　扬州琼花

④ 琼花为扬州市花,自古以来有"维扬一株花,四海无同类"的美誉(图 3-119)。琼花是中国特有的名花,文献记载唐朝就有栽培。它以淡雅的风姿和独特的风韵,以及种种富有传奇浪漫色彩的传说和逸闻逸事,博得了世人的厚爱和文人墨客的不绝赞赏,被称为"稀世的奇花异卉"和"中国独特的仙花"。1998 年扬州市人大常委会通过了广大市民推选的琼花作为扬州市花的决定,并举行过两届"中国扬州琼花艺术节",反响较大。琼花作为扬州市花,是当之无愧的。并以叶茂花繁、洁白无瑕名扬天下。

（4）一般绿化树种

扬州市属北亚热带湿润季风气候区,温暖潮润多雨,季风明显,四季分明,冬夏季长,春秋季短。本地区植被类型属北亚热带常绿阔叶和落叶阔叶混交林区,植物种类较为丰富。扬州市园林绿化在坚持以乡土树种为主的基础上,也因地制宜、适地适树引进了部分观赏价值高的树种,进一步充实普遍绿化,完善重点绿化,同时大力发展大环境绿化,形成独具特色,树木齐全,品种多样的绿化植物体系。

规划根据扬州市的植物区系条件,选择了 450 多种绿化树种。

4）市花市树的选择

扬州市市树为银杏、垂柳,市花为琼花、芍药。

如前文"扬州植物文化解析"一节所述,芍药为体现扬州特色的重要植物。扬州市历来以栽培观赏芍药闻名(图 3-120)。宋代苏东坡在《东坡志林》中说"扬州芍药天下冠"。清代瘦西湖二十四景之一"白塔晴云"的"芍厅"即为栽培芍药的胜地。现如今扬州芍药在国内已颇负盛名。据《芍药》书中记载,扬州芍药的主要品种约为 27 种。

3.5.7　城市绿地系统景观风貌规划

2007 年,扬州市被确定为国家生态园林城市试点城市,城市建设积极巩固"园林城市"建设成果。"十二五"规划提出了"创新扬州、精致扬州、幸福扬州"的目标,各部门都更加重视城市品质的提升和城市整体风

图 3-120 何园芍药

貌的塑造。

在第 38 届世界遗产大会上,由扬州牵头的中国大运河项目成功入选世界文化遗产名录。同时,扬州是国务院公布的第一批 24 个历史文化名城之一,也是首批中国优秀旅游城市,自然遗产、人文遗产和非物质文化遗产十分丰富。被誉为"扬一益二",有"月亮城"的美誉。扬州的建城史可追溯至公元前 486 年,扬州历史悠久,文化璀璨,商业昌盛,人杰地灵。扬州环境宜人,景色秀丽,是联合国人居奖获奖城市、全国文明城市、中国温泉名城。

城市绿地系统景观风貌规划通过对城市滨水绿地景观、城市道路绿地景观、城市陆域绿地景观的整合,构建生态、文化、宜居的城市绿地系统景观风貌格局,在城市绿地系统的层面上突出扬州绿地、运河、文化交相呼应的城市风貌特色,同时以水系为纽带,以文化为脉络,以绿地为载体,结合绿道网络构建,实现"人文古雅遍扬州,水秀绿韵誉天下"的特色景观。

3.5.7.1 城市绿地景观风貌控制

1)城市水系绿地景观风貌

滨水地区作为城市开敞空间体系中的重要组成部分,其绿地规划建设的目标是多元化的。它不仅关系到城市功能定位、城市形象塑造,还涉及城市水陆交通、经济社会发展、旅游休闲、环保生态、历史遗产保护等方面。快速、大规模的城市建设,在发展与保护,经济效益与环境效益、社会效益,现代化与传统文脉之间往往会产生碰撞,需要具前瞻性、战略性的发展概念和高水准的城市设计来进行统筹和导控。滨水地区的科学规划,对于增强城市滨水地区的活力,合理保护和利用滨水地区的自然与人文资源,提高城市环境品质和生活质量,塑造兼具时代精神和地方文化内涵的城市形象,寻求滨水空间的生态合理性和可持续发展模式,实现城市与自然的共生,创造高效、繁荣、舒适、生态的滨水地区人居环境,具有积极而深远的意义。

滨水地区开敞空间的规划设计,应当充分尊重自然,传承历史与文化,培育富有魅力的绿色空间。

水生态环境构成中心城市最重要的生态特色,水生态环境也是生态城市建设的重中之重。通过"城水相依、人水亲和"的绿水景观长廊,把城市各个组团连接,组团分布于水岸之间,隔河相望,形成水绕城间的"城中水,水中城"的城市格局。

滨水地区开敞空间的规划设计,应当充分尊重自然,传承历史与文化,培育富有魅力的绿色空间。突出"水秀绿韵誉天下"特色,着重体现"江淮古今之水"风貌,结合不同水系、不同地段和不同的环境创造丰富多样的水城景观,创造富有个性的城市景观风貌。

(1) 规划原则

水系景观规划的总目标是结合水资源优势,完善生态绿地系统,建设生态园林城市,使城内各河流从城市目前的消极场所转变为城市的积极场所,成为展现城市独特滨水特色的载体。规划原则如下:

① 因河制宜 城内河流众多,特点各不相同。规划要根据其宽度、地理位置、生态状况、两岸建筑等来综合考虑,做出不同的安排,体现城市水系景观的特色,突出沿河景观的多元化,避免水景的单一化。

② 景观连通性 水网景观、绿网景观无论宽窄变化,都必须在各个层次上是相互顺利连通,不被任何城市空间设施阻断。

③ 保持岸线的公共性与可达性 在沿河地块的建设中,城市的岸线,尤其是最好的岸线必须向社会公众开放,防止滨水环境成少数人享有的资源。沿河空间和景观应该交通方便,便于市民到达,沿河应该便于步行和自行车通行。同时保证沿河景观的连续性。

④ 自然与人文相结合 水景具有自然与人文的双重性,应该是自然景观与人文景观相互依存的和谐统一整体。其中很重要的是与城市功能结合,与绿地结合。

⑤ 景观结合防洪防涝 水系景观规划主要考虑景观要求,同时兼顾防洪防涝和交通。

(2) 规划要点

① 突出多元化 多元化体现在三个方面:

从河流的宽度来看,河流从大到小,一应俱全,而且都流经城区范围。

从河流的周边环境来看,有一些河流流经普通的生活区,有一些流经城市中心区,有一些流经郊区;河边的生态环境也是各有千秋。对江边滩地等湿地资源应加强保护,建立滨江湿地保育带,整合长江水域及沿江滨岸带的水-陆自然景观特色,形成独特的长江-沿江湿地生态景观走廊,例如以邵伯湖、高邮湖、宝应湖为主体建立湿地生态保育区和沿运河水生态功能控制区。

从城市历史与水的关系来看,南北向依托大运河和归江河网水系,形成了自然历史要素发展动力轴。东西向依托过境交通及其体系所串联的城镇群体,形成人文和经济要素的发展动力轴。对古城、瘦西湖景区、古运河、老城区等传统自然景观和人文景观进行保护,形成沿长江-运河丁字口的城市发展格局。

② 形成绿网-水网系统 绿网、水网的宽度应在具体的设计中加以考虑。绿网、水网的基本内容可包括:凤凰河、太平河、金湾河、廖家沟等滨河绿带、生态意义的自然走廊(如河两侧绿带)、景观与历史文物带(结合老城历史文化保护规划)、综合的区域公园(如瘦西湖、曲江公园)、适当规模的林荫道和流水系统等。

③ 城市天际轮廓的控制 重点控制滨水天际轮廓,尤其在水景核心区应强调天际线的节奏韵律,在河流边缘地区、老城城区、文物古迹周边的建筑高度和体量应与周边环境相协调。

④ 满足防洪、治洪的需求 以廖家沟、夹江、仪扬河等区域性水系为生态隔离廊道,组织城市滨水空间,以文昌路公共中心轴、瘦西湖-古城-古运河文化轴、江都区南北发展轴为纽带联系各个分区。疏浚河道,禁止向河中排放污水等,使河水清澈明净,成为人们日常生活休闲亲水的理想环境。

(3) 规划内容

市区河道大体划分为三类:运河水系,城河水系,瘦西湖水系。运河水系包括邗沟、古运河、京杭大运河、漕河、七里河、蒿草河、安墩河、槐泗河;城河水系包括小秦淮河、北城河、玉带河、新城河;瘦西湖水系含瘦西湖、二道河、杨庄小运河、笔架山保障河。

形成完善的水系绿地景观网络,由京杭大运河、廖家沟、凤凰河、太平河、金湾河、高水河、芒稻河为水景界面,组织城市滨水空间。

为达到水城多元化景观的目标,规划采取分级设计的方法,把河流分为两大类:生态景观型河段、城市人文景观型河段。各类型的河段要体现出各自不同的景观意图。

规划对沿河功能、建筑控制、交通安排、环境绿化、驳岸处理、河边设施 6 个要素进行控制,对各个河段分别提出控制要求。

① 生态景观型河段 本类型河段重点在于表现生态景观,支持生态过程,满足物种流在建成区内外的进行,以绿化为主,控制建筑物的数量。

保护现有滨水湿地的原生植被,培育适合本土生长的各类植被群落,形成生态型滨水湿地景观体系。

其中,按河流等级又分大尺度和中小尺度生态景观型河段:

a. 大尺度自然生态景观型河段

利用宽阔的河流,体现原生的大生态概念,这是建成区、规划区甚至是市域范围内进行规划层次嵌套的过渡部位。

河段位置:长江、京杭大运河(扬州段)、里下河等。

沿河功能:以生态改造和保育为主。

建筑控制:沿河 500 m 内不得进行开发建设,保持自然基质,形成自然林缘,视野开阔。结合城市外围道路两侧的生态防护林带,形成生态林带体系景观。

交通安排:原则上不得将城市道路引入该区域,允许自行车进入,控制非游览性的机动车进入,一般禁止过境交通经过。

环境绿化:保护原有生态环境,适当改造,并加以培育,建立地带性湿地群落,创造生物多样的原生自然景观。在生态型滨水湿地与农田相邻的区域形成农田、水网、林带相互融合的植物景观体系。适当引入动物种,丰富群落食物链结构,从而形成稳定的系统。对"杂树杂草"一般不必清理,也不必对绿化景观进行过多的人工建设,但是垃圾应予以清除。合理配置速生树种和优势树种的比例,在 2016 年度形成以速生耐水湿树种垂柳、桃树、枫杨、水杉、池杉、落羽杉、重阳木为骨干树种的防护林带,在远期形成以水杉、池杉、枫杨等为优势树种,物种多样而稳定的生态走廊景观体系。

驳岸处理:生态驳岸,充分发挥植物对水体的净化作用和为水生动物提供栖息地、食物的作用。一般不采取防洪墙的形式,以长着植物的土坡为主。

河边设施:除部分建筑、港口、工厂外不再增添设施,控制工厂、建筑的有序搬迁。

b. 中小尺度生态景观型河段

利用现状良好的植被,加强人工绿化,成为城市滨水绿带。

河段位置:沙头河、仪扬河、太平河等。

沿河功能:以绿为主,沿河单边 20 m(如小新河)或 50 m 内不安排城市功能。

建筑控制:沿河城市道路内靠河一侧一般不得进行开发建设。保持总宽为 30～50 m 左右的绿带。

交通安排:允许自行车和行人进入,限制小汽车通行。

环境绿化:保护原有生态,密植树木,加强绿化,对景观作少许人工处理。园路曲折通入,两侧绿树遮日,少量的休息坐凳散置,使喧嚣城市中生活的人们得到心灵的释放。环境设计不必做细部雕琢。

驳岸处理:可以采用生态驳岸或者人工驳岸,不宜采取防洪墙的形式。

河边设施:步道和少量休息设施。

② 城市人文景观型河段　该类型河段重点在于城市景观,结合周边不同的用地性质创造不同的水景景观,形成城市实体与半实体水体的相融。其中,按岸边的城市功能可分为两种类型:历史风貌滨水文化型和现代文化型(表3-45)。

a. 历史风貌滨水文化型河段

历史风貌滨水水文化型河段以京杭大运河(扬州段)代表,以城市的历史渊源为核心,营造体现城市精神和老城区滨水空间时光记忆的历史风貌滨水绿地景观体系,发掘沿革演化和历史遗迹,营造环境优美的休闲和体验景观体系。在较宽的河边创造繁荣城市的景象,通过绿、城、水展示城市景观。

河段位置:京杭大运河(古运河),支流有槐泗河、漕河、邗沟、七里河、蒿草河和北城河。

沿河功能:老城中心。

建筑控制:建筑距离河流较远。控制河边的高层建筑和大体量建筑,尤其是宾馆、办公楼、会展中心、大商场以及高层住宅,保护老城中心的绿

表3-45　城市水系绿地景观风貌分级表

序号	一级分类	二级分类	代表河流	景观风貌定位
1	生态景观型河段	大尺度自然生态景观型河段	长江、京杭大运河(扬州段)、里下河等	保护原有生态,适当改造,并加以培育,建立地带性湿地群落,创造原生生物多样的自然景观
		中小尺度生态景观型河段	沙头河、仪扬河、太平河等	利用现状良好的植被,加强人工绿化,成为城市滨水绿带
2	城市人文景观型河段	老城风貌滨水文化型河段	京杭大运河(古运河),支流有槐泗河、漕河、邗沟、蒿草河及北城河等	在较宽的河边创造繁荣城市的景象,通过林、城、水、园展示城市景观,营造富有老城韵味的城市绿水景观体系
		现代文化景观型河段	沿山河风光带、引潮河、揽月河等	以城市重要景观节点的滨水地段为代表,结合滨水绿地,设置城市标志性的景观,创造远观景观

地建设。

交通安排：允许机动车流通过并解决停车问题，但是河边必须有足够的观赏空间，其间安排较宽的人行步道。

环境绿化：以"河、湖、城、园"为核心建设城市绿地景观，结合城市古树名木保护规划，通过对古树名木的保护和维护，烘托老城滨水地带的历史沉积感，同时配置乡土亲水植物，营造富有老城韵味的城市滨水绿地景观体系。

驳岸处理：由于有水闸控制水位，无防洪顾虑，河岸采取人工垂直驳岸。驳岸应在平面和高程上有丰富的变化，水位宜高，满足亲水和水景创造的需求。

河边设施：部分地段有较大面积的广场和铺地，需设置较多休息娱乐活动设施，这类设施与整体的历史文化相协调，具有观赏性。

b. 现代文化景观型河段

在较宽的河边创造繁荣城市的景象，以城市重要景观节点的滨水地段为代表，在景观节点的滨水地带，结合滨水绿地，设置城市标志性的景观，创造远观景观。

河段位置：沿山河风光带、引潮河、揽月河等。

沿河功能：历史与现代的过渡景观，在河岸边缘地带通过自然式种植方式，形成自然过渡的滨水轮廓线。

建筑控制：建筑距离河流较远。鼓励河边的高层建筑和大体量建筑，尤其是宾馆、办公楼、会展中心、大商场以及高层住宅，形成簇群。

交通安排：允许大量快速机动车流通过并解决停车问题，河岸边必须有足够的观赏空间，其间安排较宽的人行步道。

环境绿化：绿化景观应适合人停留，在保证人流通畅的前提下，尽量提高绿量，与标志性景观相统一，简洁、明快，有充足的休憩空间、观景场地，大色块、流线型的植物配置，抽象的小品雕塑，多样形式的铺装场地，展现行政、商娱中心的繁荣景象。

驳岸处理：人工垂直驳岸为主，尽量避免防洪墙的形式，结合大色块的植物搭配，形成颇具气势的线形景观。

河边设施：有较大面积的广场、铺地以及滨水活动场地，尤其是亲水平台，其中有一些设施可以设置在防洪堤内侧。

2）城市道路绿地景观风貌规划（表3-46）

（1）城市园林景观路

城市园林景观路以东关街、盐阜路、泰州路、南通路等为代表，包括商业性景观道路和历史文化步行街区景观道路。应重点突出，收放有序，有机地组织道路景观，观赏效益、生态效益并重，强调可操作性，创造简洁开

表 3-46　主要景观道路树种规划表

景观道路分类	道路名称	主要树种
城市园林景观路	运河北路	二乔玉兰、垂柳、琼花、绒柏、枸骨、海桐、火棘、香樟、银杏、垂丝海棠、广玉兰、合欢
	文昌路	栾树、南天竹、火棘、铺地柏、雪松、广玉兰、女贞、垂丝海棠、杜鹃、香樟、银杏、紫薇、紫叶李、红枫
	泰州路	法桐,垂柳,香樟,栾树
	南通路	紫叶李,红瑞木,女贞,龙爪槐,广玉兰
	邗江路	银杏,香樟,桂花,榉树,二乔玉兰,金合欢,紫荆,金叶女贞,美人蕉
对外交通道路	施沙路（西北绕城路—大运河）	水杉,雪松,八角金盘,紫叶李,广玉兰,海桐
	新民路,（北外环路—南绕城线辅道）	女贞,法桐,广玉兰,紫叶李,山茶,栀子花,桂花,迎春
	南北快速干道（扬子江路）	琼花,香樟,铺地柏,葱兰
	东西快速干道	樱花,瓜子黄杨,金叶女贞,杜鹃
	北外环路	雪松,龙柏,紫叶小檗,金叶女贞,红花檵木
市内主要道路	汶河路	香樟、鹅掌楸、南天竹、杜鹃、沿阶草
	文昌中路	广玉兰、女贞、瓜子黄杨、花叶扶芳藤、栾树、栀子花
	瘦西湖路	银杏、石楠、香樟、鹅掌楸、红花檵木、杜鹃、瓜子黄杨、金叶女贞、水杉、紫薇、五针松
	淮海路	法国梧桐、细叶麦冬、法国冬青

阔,富有时代感的道路绿地景观体系,并遵守以下四个重要原则:

① 深入挖掘人文内涵,以景表意,情景交融,提升道路绿地景观的品质。

② 统一性与多样性相互协调,从全局入手,精心组织空间序列,开合有序,巧于因借,丰富道路景观。

③ 城市雕塑等景观要素的设置应做到尺度宜人、特色突显。

④ 因地制宜,适地适树,充分利用乡土植物进行合理配置。

商业性道路景观以商业景观为核心,充分发挥植物的造景功能,合理安排常绿、落叶及色叶树种的比例和搭配,形成多色彩、多层次的立体绿化格局;以自然流畅的曲线、抽象现代的造型、明朗大气的色块,共同营造开阔亮丽、富有时代感的道路空间;注重植物在道路空间中的生态保护作用和安全引导功能,在保障行车、行人安全舒适的前提下,营造丰富多彩的商业性道路景观体系。

步行街道路景观以步行尺度为依据,以步行街硬质景观为主体;结合雕塑、花台、喷泉等园林小品,适量布置景观效果好的观赏庭荫树种以及色彩丰富的灌木花卉;步行街道路景观设计时应充分考虑与周围环境的和谐,做到功能完善、布局合理。

（2）对外交通道路

对外交通道路以西北绕城公路、沿江高等级公路、南绕城公路、宁通公路等为代表。规划以生态学理论为指导,将城市与自然风光紧密结合,因地制宜,科学选择树种,建设"三季有花、四季常绿"外环生态道路景观体系,遵守以下两个重要原则:

① 长远性与现实性相结合,注重高起点,统一规划,分期实施,提高可操作性。

② 因地制宜、适地适树,乔木、花灌木、地被结合,形成丰富的植物景观层次。

（3）市内主要交通道路

市内交通道路以汶河路、文昌中路、瘦西湖路、扬子江路、邗江路等为代表。应充分发挥植物群落最佳生态效益,注重绿地景观与周围环境的融合,按照"一路一树、一路一景、一路一境"的要求,创造出总体统一、主次分明、特色突出的高品质的市内交通道路景观体系,遵守以下三个重要原则:

① 规划在统一中求变化,主次分明,重点突出,使道路绿地各有特色而又相互和谐,过渡自然,变而不乱,整体统一。

② 充分考虑道路的级别、性质及周边环境,规划构思新颖、意境相融的市内交通道路景观。

③ 规划力求"新"和"特",注重现代技艺与传统手法的结合、时代风貌与地方文化的结合,创造丰富多彩、形象生动的市内交通道路景观。

3）城市陆域游赏绿地景观风貌规划

（1）历史文化型绿地景观

历史文化型绿地景观以西园曲水、竹西竹溪生态体育公园、高旻寺周边景区和扬子津景区等为代表。应充分发挥古城文化遗址的特点,结合历史文化遗址周围用地,因地制宜,建设历史文化型城市绿地景观体系,遵守以下原则:

① 在历史文化型绿地建设中,运用园林艺术造园手法,向市民展示城市历史,体现城市文脉。

② 历史文化型绿地的建设以保护历史文化遗迹为主,通过形式多样的绿地围合,使历史文化遗迹与城市建设相融合,提升城市景观风貌的

品质。

（2）城市标志型绿地景观

城市标志型绿地景观以瘦西湖、荷花池、文津园等为代表。结合城市标志性空间，设置城市标志型绿地，通过城市标志性雕塑等景观要素，形成反映城市意向的城市标志型绿地景观。

植物景观以高大景观乔木结合大面积模纹灌木和草坪为主，配合城市标志性景观元素，并适当建设成片栽植的植物自然群落。

（3）休闲娱乐型绿地景观

休闲娱乐型绿地景观以茱萸湾公园、明月湖、宋夹城体育休闲公园等为代表。结合住宅区分布等布置一定数量的满足市民日常生活中的休闲娱乐需要的休闲娱乐型绿地，营造休闲娱乐型绿地景观，进而构建完善的公园游憩体系。

植物配置应因地制宜，注重树种多样性。应根据绿地规模，运用灵活多变的设计手法，为城市营造出立体的休闲娱乐型绿地景观。

（4）生态防护绿地景观

生态防护绿地景观以廖家沟、京杭大运河、古运河和城区主要河流两侧的防护林带为代表。

应利用自然生态人文资源，在重点生态区域规划风景林地、水源涵养林地、郊野公园、旅游度假区和物种培育保护区等多种类型的片区游憩绿地，形成生态防护绿地景观体系。

3.5.7.2　城市绿地文化景观风貌规划

1）规划指导思想

以城市绿地现状为基础，以城市发展建设规划为指导，以创建国家生态园林城市为目标，充分利用生态自然、人文景观优势，突出"古、文、水、绿、秀"交相呼应的城市风貌特色；以水系为纽带，以文化为脉络，以绿化为载体延续"风雅古邑，绿韵维扬"的景观格局。

2）规划原则

（1）生态优先

（2）整体性与系统性相结合

（3）城市特色融合

（4）因地制宜

3）规划重点

（1）强化水网、绿网的功能与布局，注重生态要素的提炼，彰显城市自然风貌。

（2）挖掘扬州从古至今的历史文化，概括城市独特底蕴，绿地规划注重与城市文化相结合。

4) 景观轴

　　按片区分类,从市域、规划区、中心城区几个层面对景观绿地文化分布现状进行梳理,了解绿地文化现状的结构,总结出现状存在的问题,提出城市景观风貌轴的构建方案,进一步明确城市景观风貌特色(图 3-121)。

图 3-121　市域景观风貌规划图

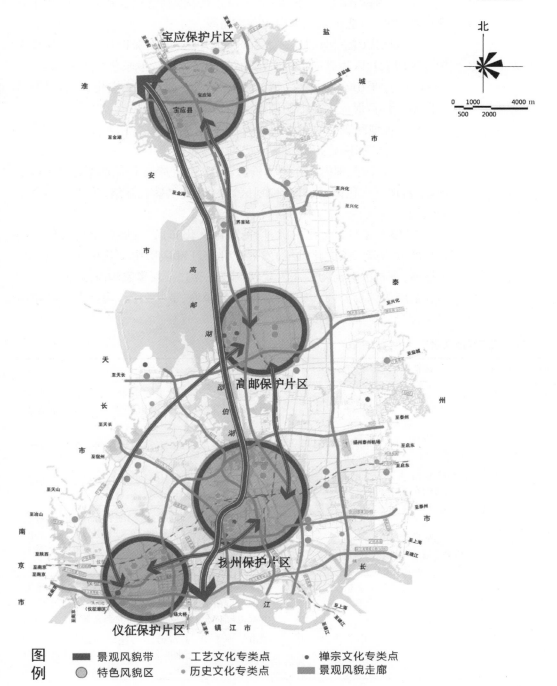

图例			
▬ 景观风貌带	● 工艺文化专类点	● 禅宗文化专类点	
● 特色风貌区	● 历史文化专类点	▬ 景观风貌走廊	

结合"绿韵、古邑"的特征,以"绿韵"为轴线,串联"古邑",提炼扬州文化,形成独具特色的景观风貌轴。

(1) 市域层面的文化景观风貌

① 树立"风雅古邑,绿韵维扬"的主题风貌。

② 挖掘古老的文化底蕴,展现城市历史发展特色,将各片区文化景观风貌串联,打造市域范围内的游览路线。

③ 规划以宝应保护片区、高邮保护片区、扬州保护片区以及仪征保护片区四大片区为纵向市域文化轴线(图 3-121),串联普哈丁墓园、天宁寺、重宁寺、平山堂、盂城驿、镇国寺塔、隋炀帝陵等历史文化节点,以及沿线公园、河流,形成大范围的城市文化轴线。

(2) 规划区层面的文化景观风貌

① 树立"绿网碧园,星罗棋布"的主题风貌。

② 规划区范围内现在文化资源丰富,在此基础上连通各文化区域节点,丰富现有文化体系,打造规划区域绿色文化景观脉络,形成较为合理的结构。

③ 以古运河为文化主脉,均衡城市文化布局,发展以京杭大运河为轴线的城市第二条文化轴线,发展东北部江都区历史文化资源。以京杭古运河、京杭大运河为两条风貌轴,串联三湾公园、廖家沟城市中央公园、曲江公园等综合公园,以及沿线的街旁绿地、带状公园,均衡发展城市历史文化,打造"星罗棋布"的城市风貌(表 3-47)。

表 3-47　扬州城市绿地文化景观风貌控制表

景观风貌	风貌定位	特色	名称	定位
市域层面的文化景观风貌	风雅古邑,绿韵维扬	挖掘城市古老的文化底蕴,展现历史发展特色,将各片区文化景观风貌串联,打造市域范围内的游览路线	润扬森林公园	区域性综合公园,以植物造景为主,创造亲水空间,表现古城风韵,对城市的生态系统稳定起着重要作用
			堡城花木生产基地	市域大型生产绿地,丰富植物品种,为城市绿地建设提供坚实基础
			扬州烈士陵园	竖向空间景观形式多样,景观视觉性良好;塑造陵园内纪念文化主题
			史可法纪念馆	公园应营造庄严肃穆的植物配置氛围,形成树茂草丰的复合植物群落,明确文化主题,展现了扬州的爱国主义文化,逐步发展成为扬州的爱国主义教育基地
			京杭大运河风光带	保护原有生态,适当改造,并加以培育,建立地带性湿地群落,创造原生生物多样的自然景观,在市域范围内形成稳定的河流生态系统
			南北快速干道	城市快速干道,丰富道路两侧绿地建设,加入具有扬州市特色文化的景观雕塑、小品,发展成为扬州特色展示窗口

续表

景观风貌	风貌定位	特色	名称	定位
规划区层面的文化景观风貌	绿网碧园,星罗棋布	规划区范围内现在文化资源丰富,在此基础上连通各文化区域节点,丰富现有文化体系,打造规划区域绿色文化景观脉络,形成较为合理的结构	竹西街道竹溪生态体育公园	打造城市古典优雅的休憩空间,满足市民休闲、步行的要求,发展地域特色景观,突出区域传统文化
			瘦西湖公园	全市性综合公园,以湿地生态为主题。公园在适宜建设地区设置丰富的休闲娱乐设施,而在不适宜建设地区以植物绿化为主,在形成丰富湿地景观的同时,形成生物多样性保护地
			个园	古典园林的代表性园林景观,注重保护园内丰富的人文景观,凸显浓郁的文化内涵,打造古典园林典范
			何园	结合历史建筑,展现本地家族文化,是对何家及扬州文化的保护与传承
			古运河风光带八里段开放式体育休闲公园	修建河道两侧滨河广场、亲水平台、园林小品;发展成为市集文化、旅游、休憩、服务等多种功能为一体的历史文化景观带
中心城区层面的文化景观风貌	古城绿韵,碧波云天	展现现中心城区丰富的水系及丰富的物质与非物质文化遗产,以不同形式展示扬州水系风情,充分体现水上扬州的特色	人民生态体育休闲公园	市级综合公园,在公园现有基础上,丰富植物搭配,强化文化底蕴,增强人民公园的重要性
			荷花池公园	园内以植物搭配为主,以绿树如云、绿水潺潺为主要景观形象,适当规划植物保护区,使植被自然生长,营造森林景观,保护现有湿地
			西园曲水	发展扬州独特盆景文化,营造古典特色的休憩空间,利用其良好的可达性,发展成为中心城市景观优良的专业公园,突出公园文化主题
中心城区层面的文化景观风貌	古城绿韵,碧波云天	展现现中心城区丰富的水系及丰富的物质与非物质文化遗产,以不同形式展示扬州水系风情,充分体现水上扬州的特色	文昌广场	丰富广场植物种类及配置形式,突出广场现在景观特色,体现和烘托城市历史文化
			漕河带状公园	规划打造丰富多变的滨水景观空间,营造多层次景观空间,能满足市民多样化游憩需求的综合休闲活动空间,强调公园绿地的开放性
			文昌路	利用植物、小品、道路附属设施的设计,建设代表性的城市园林景观路,融合城市特色文化,体现城市历史文化

（3）中心城区层面的文化景观风貌

① 体现"古城绿韵,碧波云天"的主题风貌。

② 展现中心城区丰富的水系及丰富的物质与非物质文化遗产,以不同形式展示扬州水系风情,充分体现"水上扬州"的特色。

③ 规划将沿水系的文化遗产点串联可形成四条主要水上游线:古运河水上游线、京杭运河水上游线、乾隆水上游线、七河八岛水上游览线。

七河八岛水上游览线以生态水系文化景观为主;京杭运河水上游线以保留运河遗产文化景致以及漕运文化为主线;而极具特色的乾隆水上游线依附于古运河水上游线,以古运河文化为主体,突出运河风情、人文历史遗存和江河相连湿地景观(图3-122)。

3.5.7.3　生态园林实施措施

1)实施途径

(1)建立人居环境的生态平衡机制

自古以来,人居环境建设对周围区域的自然生态环境有很大的影响,是人类对自然环境不断占领与改造的一个过程。而区域也对城市的生态安全发挥重要作用。针对区域的自然生态条件,了解其演化过程,尊重自然格局,保护对维持生态安全至关重要的因素与部分,认识生态平衡的内在机制,使城市建设地区纳入这一生态体系。人居环境的生存依赖于区域自然生态系统提供物质与能量。健全的生态系统是人居环境景观的重要构成要素,生态倒退形成的荒山秃岭、水土流失、局部气候恶化都对人居环境的建设与生存构成不利的影响,形成了人居环境的生态不安全因素,也形成了低劣的环境景观。因此,生态安全是自然生态系统生存与发展的需要,也是人居环境建设的必要条件,生态园林城市规划与建设应确保维持规划区域及城市的生态安全机制。

(2)区域景观规划设计生态途径

① 明确区域景观规划范围　根据当地自然环境地理特征和生态建设重点,在自然生态格局的基础上确立区域层面生态系统的范围,与行政和经济方面的区划进行协调。

② 建构区域景观生态格局　区域景观生态格局的建构可以为城市提供符合生态机制的景观框架。包括区域生态廊道系统的建构,如河流、山脉等自然廊道与道路、水渠人工廊道,保持其各自完整性,确保生态流的合理运转;进行廊道结点建设,保护生态种源及联结,保护不同生态系统组成的斑块与基质的自然格局关系;对景观生态格局进行分析,寻找其中的问题及与城市的关系,并进行格局重构。

③ 进行宏观生态过程分析,保持其连续性,并与生态格局相协调　生态过程指发生在景观元素之间的各种"生态流",景观元素通过广泛的各种"流"对另外的景观元素施加影响。

④ 进行区域专项生态建设规划研究　如生态林业建设、生态农业建设,生态工业规划,生态旅游发展规划等,综合考虑生态建设与生产生活的进行。

⑤ 运用景观设计理论,进行区域大地景观艺术考虑　将大尺度地形、地貌、植被及水体景观与城市整体形态进行有机结合,并寻找其中特

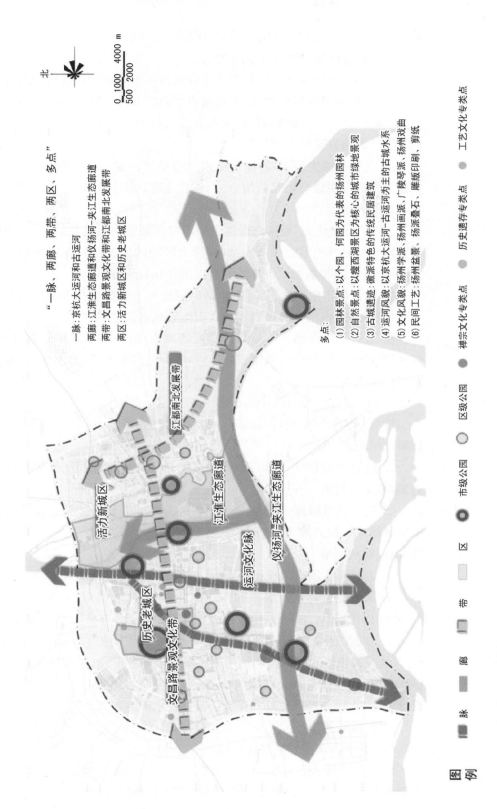

"一脉、两廊、两带、两区、多点"

一脉:京杭大运河和古运河

两廊:江淮生态廊道和仪扬河—夹江生态廊道

两带:文昌路景观文化带和江都南北发展带

两区:活力新城区和历史老城区

多点:
(1) 园林景点:以个园、何园为代表的扬州园林
(2) 自然景点:以瘦西湖景区为核心的城市绿地景观
(3) 古城遗迹:徽派特色的传统民居建筑
(4) 运河风貌:以京杭大运河—古运河为主的古城水系
(5) 文化风貌:扬州学派、扬州画派、广陵琴派、扬州戏曲
(6) 民间工艺:扬州盆景、扬派叠石、雕版印刷、剪纸

江都南北发展带

活力新城区

江淮生态廊道

仪扬河—夹江生态廊道

运河文化脉

历史老城区

文昌路景观文化带

图例

脉
廊
带
区
市级公园
区级公园
工艺文化专类点
历史遗存专类点
禅宗文化专类点

图 3-122 中心城区景观风貌规划

有的自然适应形式和美学特征,形成区域景观特色。

（3）城市景观规划设计生态途径

针对城市景观规划设计的生态适宜途径在于尽量增加城市中的自然组分,增强城市景观异质性,以平衡城市生态收支,提高环境质量,消除过多人工硬质环境的不利影响,形成景观生态综合建设模式。城市景观规划设计生态适宜途径主要包括:

① 进行土地生态规划,保护城市生态敏感区与生态战略点:确定城市建设的适宜用地与适宜利用方式,建立生态保护区,如饮用水源地、野生动物栖息地等。

② 以"开敞优先"原则进行生态绿地与开敞空间系统规划:使城市内部绿地与外界林地系统保持连续,保持大环境的生态格局在城市地区的连续与完整,同时增加城市环境的自然组分和异质性斑块。

③ 建设城市生态廊道系统:包括以河流为主的蓝道和以绿化为主的绿道,保持城市内部的各种自然与人工生态流的连续。

④ 进行景观美感评价与总体层面的城市设计,建立城市景观体系:包括景观分区与景观轴,城市空间节点,界面与高度视线设计,夜景、游憩及步行系统等。

（4）地段景观规划设计生态途径

针对具体的城市地段,在景观规划设计中也应尽量提高"自然"组分在城市用地构成中的比重,进行生态适宜技术层面考虑:

① 进行环境影响评价 根据地段的自然环境特点预测规划对周围的影响,制定对策。

② 进行城市绿地、公园及滨水区具体环境景观设计 结合区域与城市生态绿地系统与廊道系统,提高各种绿地的生态功能,用廊道相互连通,构成绿地网络。

③ 进行河流水质治理和污染治理。

④ 发展生态适宜技术 如乡土绿化种类、种植方法及环境清洁工程、生物保护等。

⑤ "以人为本",进行城市公共空间具体设计 如广场、道路设计等。

⑥ 应提倡雨水的综合利用 通过减小竖向坡度、增加地表植被和粗糙度、减小地表径流,提供雨水下渗的途径;公园收集的雨水,应结合地形设计,汇入水体或经净化处理作为公园补充水源。

2）实施措施

（1）科学合理规划生态园林城市

科学规划是建设生态园林城市的前提,一个具有前瞻性、科学性的城市绿地系统规划是生态园林城市建设的基本依据。规划编制时要有超前性和预见性,要站得高,全盘考虑,坚持环境优先、因地制宜的原则,在城市生态园林规划中,使城市市区与郊区甚至更大区域形成统一的城市生态园林体系,科学合理安排城市绿地空间,注重不同类型绿地之间的相互联系,形成系统的城市绿地网络。城市绿化用地指标达在已经达到居民生态环境的前提下,结合道路、停车场、边坡、墙面、屋顶等设施绿化和立体绿化,最大限度地提高城市的绿化覆盖率。

(2)遵照生态标准建设城市各类绿地

通过实施规划建绿、整治增绿、见缝插绿等多种途径,加快园林绿化建设步伐,大幅度扩大城市绿地而积,提高园林绿化水平,确保绿化覆盖率、绿地率、人均公园绿地而积达到生态园林城市建设要求。

(3)彰显生态园林城市独特个性

扬州依水而建,因"州界多水,水扬波"而得名,自古缘水而兴,江河之水孕育了扬州的文明,历史渊源悠深、文化蕴涵厚重、园林风格独特,建设生态园林城市就要突出体现"水、古",彰显自身特色。

(4)构建一体化生态园林管理机制

生态园林绿地的养护管理十分重要,要改变城市绿地养护管理粗放的旧模式,实现城市绿地养护的精细化,提高城市绿地的养护水。

3.5.8 扬州市江都区城市绿线规划(2018—2035 年)

3.5.8.1 概述

(1)规划目的

城市绿地是改善人居环境的重要元素之一,对于城市生态文明的发展起到了重要的作用。江都区现有良好的各类绿地,具有形成较好布局的发展条件。对于江都区的绿线控制规划,其意义在于以下三点。

① 塑造独特绿色文化 近年来,随着全球一体化趋势的加强,原本相对独特的区域特色逐渐被淡化,地域特色正在衰退乃至丧失。在呼唤地域文化的今天,"千城一面"的现状使得人们更加关注独具特色的城市景观,城市绿色基底是美化城市形象、塑造城市风格的重要载体,江都区拥有丰富的水、植物和园林景观等重要的城市特色要素,而水、植物和园林景观也都是城市绿地的重要组成部分,因此江都有着属于自己独特的绿色文化符号。编制江都区绿线规划是塑造城市绿色文化的有效途径。

② 满足城市生态需求 城市绿地是改善城市环境质量,创造宜居空间的重要内容。党的十九大报告在总结以往实践的基础上提出了构成新时代坚持和发展中国特色社会主义基本方略的"十四条坚持",其中就明确地提出"坚持人与自然和谐共生"。江都区绿地种类丰富,准确划定现状绿线,合理划定规划绿线和生态控制线对巩固城市绿化成果,加强生态

环境保护,促进城市可持续发展具有重要意义。

③ 均衡各类绿地发展　江都区各类绿地建设相对较为完善,但需要协调和完善相关规划对于各类绿地的具体要求,进一步优化城市绿地系统,均衡各类绿地的功能以及服务半径,并以法定规划的手段予以明确,有效引导各绿地的规划建设。同时也为规划管理提供法定依据。

综上所述,为使江都区社会经济保持持续、快速、健康发展,人居环境达到升华,形成布局合理、环境优美、管理有序、富有现代气息的城市绿地系统,合理有效地指导城市内绿地的各项建设,编制新一轮江都区绿线控制规划势在必行。同时也为了响应国家生态文明的号召,绿线控制规划是争创国家级园林城市必不可少的基础工作。2017 年,江苏省城市规划设计研究院完成了江都区城市绿地系统规划(2018—2035 年)的编制。为了深化该规划,使其更具有可操作性,同时完善江都区城市绿地规划体系,要求编制城市绿线控制规划。

(2) 江都区概况

① 总体概况　2014 年江都区镇域平均面积达 102.5 km²,平均人口8.15 万人。下辖仙女镇、小纪镇、大桥镇、邵伯镇等 13 个镇,年平均气温14.9℃,降水量 978.7 mm,属于亚热带湿润气候区。

江都区历史悠久,人文荟萃,商贾云集,至今已有 2150 多年的历史。江都南濒长江,西傍运河,是苏北水利的枢纽和交通的咽喉,同时举世闻名、远东最大的水利枢纽——江都水利枢纽工程是我国“南水北调”工程的东线起点(图 3-123)。江都摄长江、运河之灵气,逐步沉淀并形成了灿烂的“龙川文化”底蕴。

江都区濒江临河,地势平坦,河湖交织,素有“水乡泽国”之称(图3-124),其地理位置优越,境内资源丰富,经济基础良好,经济发展迅速,入围“2013 年度中国市辖区综合实力百强”,列第 42 位。

图 3-123　江都水利枢纽

图 3-124 江都中心区域鸟瞰图

邵伯菱　　　　碧桃　　　　琼花

五宝杜鹃　　　　芍药

图 3-125 江都特色花木

　　江都区风景秀丽,环境优美,生物资源丰富,拥有渌洋湖自然保护区和平静而悠远的邵伯湖;盛产邵伯菱和琼花、芍药、碧桃、五宝杜鹃等闻名遐迩的花木(图 3-125);同时江都旅游资源十分丰富,龙腾之旅、亲水之旅、艺术之旅、宗教之旅、美食之旅、花木之旅、风情之旅,均体现出"清水出芙蓉,天然去雕饰"的独特魅力。

　　② 区位。江都区位于江苏省中部,长江下游北岸,江淮交汇之处,即北纬32°17′51″～32°48′00″,东经 119°27′03″～119°54′23″,为江淮冲积平原。南濒长江,西傍扬州市维扬区和邗江区,东与泰州市姜堰区、海陵区、高港区接壤,北与高邮市、兴化市毗连(图 3-126)。江都交通便捷发达,境内长江(图 3-127)、京杭大运河、新老通扬运河纵横交织(图 3-128、129),328 国道(图 3-130)、京沪高速(图 3-131)、宁通高速公路(图 3-132)和宁启铁路(图 3-133)贯穿东西南北,是苏北地区重要的水利枢纽和交通要道。

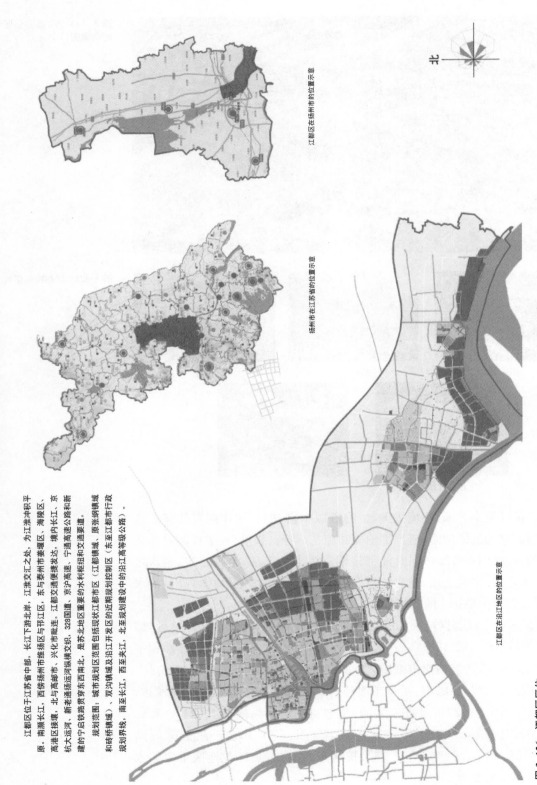

江都区在扬州市的位置示意

扬州市在江苏省的位置示意

北

江都区在沿江地区的位置示意

江都区位于江苏省中部、长江下游北岸、江淮交汇之处，为江淮冲积平原。南濒长江，西倚扬州市维扬区与邗江区，东与泰州市姜堰区、海陵区、高港区接壤。北与高邮市、兴化市毗连。江都交通便捷发达，境内长江、京杭大运河、新老通扬运河纵横交织，328国道、京沪高速、宁通高速公路和新建的宁启铁路贯穿东西南北，是苏北地区重要的水利枢纽和交通要道。

规划范围：城市规划区范围包括现状江都市区（江都镇域、原张纲镇域和砖桥镇域）、双沟镇域及沿江开发区的近期规划控制区（东至江都市行政规划界线，南至长江、西至夹江、北至规划建设中的沿江高等级公路）。

图3-126　江都区区位

图 3-127　长江

图 3-128　江都水利枢纽和新通扬运河

图 3-129　老通扬运河

图 3-130　328 国道

图 3-131　京沪高速

图 3-132　宁通高速公路

图 3-133　宁启铁路

③ 自然条件。江都区位于长江中下游平原,境内地势平坦,河湖交织,通扬运河横贯东西,京杭运河纵贯南北,平均海拔 5 m 左右,气候属副热带湿润气候区,年平均气温 14.9 ℃,年平均降水量 978.7 mm,四季分明,无霜期较长。

④ 城市园林发展概况。2005 年江都市(现扬州市江都区)现状城市建设用地 27.55 km²,城市人口 23.83 万人,城市园林绿地总面积为 994.83 hm²,人均公园绿地面积为 9.2 m²,绿地率 36.11%,绿化覆盖率为 40.44%。由于江都是重要的水利之城,水利绿化防护林体系的建设起步较早。江都园林绿化的发展初期开始于 1980 年,最初与河堤防护绿化及成片造林相结合。历年来,江都各级政府大力开展植树造林、绿化家乡运动,重视风景园林建设和城市绿化工作,并于 1986 年成立了江都市园林管理处。同年,也是历史上第一次大规模以大手笔对城市四条主干道进行了道路绿化和美化,为江都区的城市园林绿化开了先河。1986 年至 1992 年,城市基础设施建设及单位附属绿地的建设得到了逐步加强和重视,为城市全面绿化工作的开展打下了基础;1992 以来,江都区结合新区建设,进一步加强城市基础设施建设,城市道路绿化和街头绿地建设得到了进一步的推进;城市绿化总规模同过去十几年相比翻了近两番,建成了一个具有江都城市标志性的龙川广场和一批街头绿地及河滨绿地。

江都城市园林绿化总体格局是以世界闻名的引江公园(引江枢纽工程风景区)为核心,通过新通扬运河、老新通扬运河、金湾河、芒稻河、高水河等五条不同等级和功能的河道向城区辐射,形成了江都城市园林绿化个性和骨架。江都经济发展总体平稳,园林建设投入逐年加强。目前,江都区政府以加强城市生态建设,创建良好的人居环境,促进城市可持续发展为中心,整体推进公园绿地、单位附属绿地、居住附属绿地、防护绿地、生产绿地和风景林地的建设,全面提高城市绿地规划、建设和管理水平,致力于建成总量适宜、分布合理、植物多样、景观优美的城市绿化体系;并提出积极发展社会经济,大力加强城市环境建设,努力改善人居环境的目标。

3.5.8.2　现状解析

城市绿地是改善人居环境,创造宜居空间的重要元素之一,对于城市生态文明的发展起到了重要的作用。

绿线划定须对城市绿地现状展开定性和定量的分析,对城市绿地建设质量优劣进行评判并加以总结归纳,才能使划定过程有据可依,科学合理。通过前期调研和现状资料的整理,我们大致对江都区的城市绿化建设有了初步的了解,现从城市绿地的宜居性、绿地的空间格局和绿地的景观风貌三个角度切入,对江都区规划区范围内的绿地现状展

图 3-134　花木资源

开分析。

（1）城市绿地宜居性分析

在建设部 2007 年颁布的《宜居城市科学评价标准》中，从环境优美度、经济富裕度、资源承载度、社会文明度、公共安全度、生活便宜度 6 个方面评价城市宜居水平。而对于绿地的宜居性的评价分析主要侧重于环境优美度（生态环境、城市景观）、生活便宜度（城市绿道建设、公共绿地可达性）两个方面四个分项。

① 生态环境　从目前调查情况看，城区常绿乔木主要以香樟、广玉兰、大叶女贞等为主，落叶乔木以悬铃木、垂柳为主，树种种类丰富。

园林植物物种多样性：园林绿地是以土壤为基质、以植物为主体、以人类干扰为特征，并与微生物和动物群落协同共生的人工生态系统。其结构包括乔木、灌木、草本植物、动物、微生物以及土壤、水文、微气候等物理环境。其基础条件是动植物群落的丰富度，江都的生态环境基础条件十分优越，集中体现在其城市园林植物的物种多样性上。

江都区地处北亚热带，是亚热带与温带的过渡地带，气候温和，雨量光照充沛，适合多种类的植物生长繁殖，是著名的"花木之乡"（图 3-134）。为江都城区绿化储备提供了大量的种苗资源。

滨水景观廊道建设：江都区地处江淮交汇之处，南临长江，西濒京杭大运河，是江淮生态大走廊以及"南水北调"东线源头，是苏中著名的水利枢纽和交通咽喉。全市境内河网密布，滨水景观资源十分丰富，对整体生态环境质量的提升显著，也形成了江都的特色景观风貌之一。规划区利用江都独特的"五河织龙川"的水系结构构建滨水景观廊道，规划形成"一脉、两廊、六轴"的水系结构形态。"五河"分别为：芒稻河、金湾河、高水河、老通扬运河、新通扬运河。"一脉"指以夹江、芒稻河、金湾河、高水河、邵仙引河形成的贯穿城市的风光绿色大动脉;"两廊"指以位于城区腹部,横贯东西的老通扬运河、新通扬运河形成的城市景观视廊;"六轴"指通向通扬运河的龙桥河、大涵河、小涵河及通向芒稻河与夹江的张纲河、刘直河、王港河形成的景观绿轴。

②　城市景观　城市绿地景观在景观生态学里构成城市中的"斑块"和"廊道",是评价城市是否宜居的重要评价标准。城市的绿地景观从某种程度上能够反映城市整体的景观水平。结合绿线划定规范,从公园绿地和防护绿地两种绿地类型对江都区绿地景观现状进行评价。

综合公园:江都现有综合公园共4处,总面积约113.7 hm²。综合考虑面积大小、内容丰富程度、设施完善情况、人流量等多方面因素,市级综合公园有1座,其余3座属于区级综合公园。江都综合公园可达性高,总体服务半径能够覆盖整个建成区;人性化设施较为丰富,能够满足大部分市民的游憩需求;主题性较为突出,教育意义强;植物配置手法丰富,特色突出,季相变化明显(图3-135~139)。

图 3-135　龙川广场

图 3-136　江都人民生态园

图 3-137　三河六岸公园

图 3-138　城北游园

图 3-139　交通安全宣传主题公园

图 3-140　银河之春体育休闲公园

图 3-141　仙女公园见山轩

图 3-142　春江湖体育休闲公园

社区公园:现有社区公园共 13 处,总面积约 7.7 hm²。社区公园多数能够满足城市居民社区范围内基本的休憩健身需要,数量合理但主要分布于建成区东北部,大桥镇区布置较少,分布不够均匀。

专类公园:现有专类公园共 6 处,总面积约 79.79 hm²。以历史名园和体育休闲公园为主,其中体育休闲公园数量较多,全民体育健身氛围得以提升(图 3-140～142)。

带状公园:现有带状公园共 7 处,总面积约 56.4 hm²。总体景观效益显著,结合城市河道形成城市的生态绿廊(图 3-143、144)。

街旁绿地:现有街旁绿地共 16 处,总面积 32.77 hm²。以街道广场绿地和小型沿街绿化用地为主,少数缺乏休憩健身设施,大桥镇区域布置数量不足(图 3-145、146)。

图 3-143 大桥文化风光带

图 3-144 华山路滨河绿带

图 3-145 泰山路与龙川北路交叉口游园

图 3-146 春江花都广场

防护绿地:现有防护绿地共 23 处,总面积 502.25 hm² 。防护绿地建设基础较好,特别是城市主干道、城郊河流和各干渠有较大面积的防护林,树木的长势较好,林带有一定的宽度(图 3-147、148)。

生活便宜度是城市宜居性的重要评价标准之一,是践行以人为本的城市绿地建设过程的重要参数。城市绿地建设中对于生活便宜度的考量集中于城市绿道建设和公共绿地可达性两方面。

① 城市绿道建设 绿道在城市生态系统具有生态学、遗产保护、游憩和通勤的功能,是城市生态网络和城市开放空间规划的核心。绿道分三级:区域绿道、城市绿道和社区绿道。城市绿道将外围开敞空间、大型生态廊道注入城市内部,沿河绿带单侧宽度需大于 30 m。社区绿道宽度不小于 20 m,沿河绿带单侧宽度需大于 12 m,建议一段长度后有集中块

图 3-147 S336 江都段防护带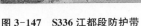

图 3-148 G233 国道防护绿地

状绿地,提供配套设施,如体育设施、儿童玩耍区、老年人活动场所。江都城市绿道主要为城区的滨河带状公园和路侧带状绿地。现状绿道共7处,总面积约 56.4 hm²,生态和社会效益显著(图 3-149~151)。

②公共绿地可达性　依据《国家生态园林城市标准》均匀规划公园绿地,做到大、中、小相结合。市级综合公园半径 5000 m,社区公园服务半径 500 m。居民出行步行 10 min 到达社区公园,乘车 10 min 到达综合公园。江都现有公园布局合理,服务半径能够基本覆盖整个建成区,而整体公园分布不均衡,综合公园和专类公园等多集中于北部建成区。

现状绿地宜居性分析总结:就环境优美度而言,江都的生态环境基础条件十分优越,现状绿地景观建设质量较高,滨水景观廊道建设较好,具备良好的生态、游憩功能,能够较好地体现城市风貌,但其中大桥镇区域

图 3-149 区域绿道

图 3-150 城市绿道

图 3-151　社区绿道

绿地布置数量不足,分布不均,故应增加大桥镇的绿地面积,使其分布更加均匀合理。就生活便宜度而言,江都现状绿道的建设效益显著,但仍有提高的空间,现状公园分布不均,建议增加街旁绿地及带状公园,提高绿地连通性,提高居民游憩的便宜度,彰显城市特色。

(2) 绿地空间格局分析

对江都区的绿地空间格局进行分析,要借助于 ArcGIS 10.0 软件对收集到的图形图像资料进行匹配、转换、运算等处理,提取扬州市建成区、江都区的边界、提取各类城市用地及各类绿地边界,得到矢量化的空间数据,生成中心城区土地利用类型图,并对不同用地类型的矢量数据图形赋予不同的属性值,分层与整合管理,导出栅格化数据图像,利用 Fragstats 4.2 软件处理图像计算各评价指数,对得出的结果进行分类整理制成 Excel 表格数据。

① 规模分析(表 3-48)　景观面积 TA 表示一个景观的总面积。TA 定义景观的范围,也是计算其他指标的基础。斑块数量 NP 表达景观水平中所有斑块的数量。NP 反映景观的空间格局,用来描述整个景观的异质性。数值大小与景观破碎度成正相关:NP 值大,破碎度高;NP 值小,破碎度低。

表 3-48　扬州市 2015 年中心城区绿地规模指标

序号	指标	邗江区	广陵区	开发区	江都区
1	TA	2405.97	1442.70	918.96	1510.65
2	NP	534	364	214	403

由表 3-48 分析指标可以看出与扬州其他三个区相比,江都区总体景观水平属于中等偏上,绿地面积和斑块数量较多,都位于四个区中第二位。

② 景观格局分析(表 3-49)

表 3-49　江都区 2015 年中心城区绿地空间指标

绿地类型	面积指标			数量指标
	CA	%LAND	LPI	NP
公园绿地	394.920 0	1.756 3	0.354 2	57
生产绿地	4.320 0	0.019 2	0.019 2	1
防护绿地	128.610 0	0.572 0	0.126 1	23
道路附属绿地	801.360 0	3.563 8	0.104 1	286
其他附属绿地	110.070 0	0.489 5	0.074 4	20
其他绿地	71.370 0	0.317 4	0.041 2	16

由表 3-49 可见:在绿地斑块数量及分布方面,江都区绿量丰富,但北部与南部分布差异明显,高水河、芒稻河、新通扬运河沿岸绿地发展较好,分布集中,南部除星湖北公园外,几乎没有绿地斑块。江都区南北绿地斑块数量较多,但分布极不均衡,南部地区有待开发。水系周边绿地斑块较为丰富,但连通性不足,有待优化。

③ 连接度分析(表 3-50)

表 3-50　江都区 2015 年中心城区绿地空间连接度度量指标

绿地类型	破碎化		聚散性	邻近度		连通性
	PD	MPS	PLADJ	ENN_MN	CONTIG_MN	COHESION
公园绿地	14.433 3	6.928 4	87.443 0	327.162 1	0.766 2	92.729 5
生产绿地	23.148 1	4.320 0	83.333 3	N/A	0.788 2	85.737 8
防护绿地	17.883 5	5.591 7	84.674 6	337.897 0	0.765 5	89.559 1
道路附属绿地	35.689 3	2.782 5	80.935 5	300.466 1	0.739 2	83.557 5
其他附属绿地	18.170 3	5.503 5	84.914 1	476.045 7	0.778 3	88.664 3
其他绿地	22.418 4	4.460 6	83.921 8	256.170 9	0.699 0	87.443 3

分析结果:

• 由破碎化指标分析可知:绿地斑块主要以附属绿地斑块密度相对最大,斑块平均面积相对最小,其中道路附属绿地的破碎化尤为突出,主因是老城区内部路网交错切割致使道路格局模块较小,导致绿地分割严重,破碎化程度增加。相较其他类型的绿地,防护绿地与其他附属绿地破碎程度没有那么严重,这说明江都的防护绿地较为完善,已经有一定的防护体系。而公园绿地的破碎程度是最低的,这说明江都区的公园绿地都较为完整,连通性较好。

• 由聚散性指标分析可知:从江都区整体看来,绿地斑块聚合情况较好,各类绿地分散性不是很高。公园绿地整体分布较集中,主要集中在北部的城区内和河流两侧。而道路附属绿地由于用地分割,斑块分散最严重。

• 由邻近度指标和连通性指标分析知:江都区各类绿地斑块的分布相对集中,连通性较好。道路附属绿地连接度水平最佳,其他类型绿地的连接度有待优化。

④ 渗透度分析(表 3-51)

表 3-51　江都区 2015 年中心城区绿地空间渗透度度量指标(类型水平)

绿地类型	边缘指标		形状指标		
	TE	ED	PARA_MN	FRAC_MN	LSI
公园绿地	66 120	2.940 5	246.274 7	1.019 7	8.285 7
生产绿地	960	0.042 7	222.222 2	1.027 0	1.142 9
防护绿地	24 960	1.110 0	248.165 5	1.029 3	5.763 2
道路附属绿地	189 030	8.406 5	276.314 6	1.010 5	17.963 0
其他附属绿地	22 140	0.984 6	233.277 2	1.028 8	5.271 4
其他绿地	14 010	0.623 1	343.697 6	1.028 7	4.473 7

分析结果:

• 由边缘指标分析可知:江都区的其他绿地面积较大,相应的 TE 值也最大,但边缘密度较低,形状比较规则。生产绿地面积最小,边缘密度也最小,形式规则。

• 由形状指标分析可知:

平均周长面积比 PARA_MN 表达斑块形状的复杂程度,可理解为相同面积的斑块边缘长度对比,与边缘效应成正相关,以表达绿地斑块的渗透能力。由上表可见:最新划入扬州市中心城区的江都区绿化发展较滞后,形态较为规整,表明其边缘效应较差。

平均斑块分维数 FRAC_MN 值越大,其形状越复杂,以此来衡量斑块形状的不规则程度。江都区各类绿地的平均斑块分维数均较小,表明绿地斑块形状比较简单规则,人类活动对各类绿地干扰较大。应考虑打破城市道路、建设用地的硬性边界限制,形成水绿交融的绿地交织模式,增加边界形状的复杂程度,注重绿地空间向周边用地的功能渗透。

景观形状指数 LSI 值越大,斑块形状就越不规则,说明受人为干扰较小。江都区良好的路网结构使其道路附属绿地形状优势明显。水系周边公园及新都路边的滨江新城公园形状自然,而生产、单位及附属绿地多为方形布局,形状单一,不利于渗透功能的发挥。

⑤ 密度分析(表 3-52)

表 3-52　江都区 2015 年中心城区绿地空间密度度量指标(类型水平)

绿地类型	指标	
	PD	ED
公园绿地	14.433 3	2.940 5
生产绿地	23.148 1	0.042 7
防护绿地	17.883 5	1.110 0
道路附属绿地	35.689 3	8.406 5
其他附属绿地	18.170 3	0.984 6
其他绿地	22.418 4	0.623 1

⑥ 现状绿地空间格局分析总结

江都区公园绿地优势明显,有着很好的外围生态环境,局部已经形成了较好的防护绿地基础,形成了城市外环防护带及城市内部多个河流防护带。又依托着芒稻河等重要的水系资源。但是以 328 国道为界,江都区绿地斑块南北分布极不均衡,北部绿地斑块的建设情况较为完善,建议加强南部片区的绿地建设,加强道路附属绿地建设连通南北绿地。

道路附属绿地渗透度优势明显,可考虑利用道路附属绿地实现与其他类型绿地的景观与功能连通。同时,利用滨水优势,打破传统的矩形绿地规划模式,强调绿地边界与水域的融合,加强水边景观游憩建设,强调滨水景观带综合效益向周边区域的功能渗透。

江都区的可建设用地面积大,但是绿地斑块密度不够高,可考虑结合当地自然、文化资源等建设大型的主题公园、森林公园及综合性公园等,既提高区域环境质量,又能吸引市民、带动周边地块开发。

在连接度方面,绿地建设引导从三方面入手:一是加强南部片区的绿地建设,考虑两处大型公园——滨江新城公园与星湖北公园的结构与功能连通;二是通过道路附属绿地的基础优势加强南北绿地景观连通;三是依托发达的水网结构,优化绿地布局,倡导引江水利枢纽风景区、宁启铁路防护林、新通扬运河生态廊道等与芒稻河生态廊道、黄海路防护林、京沪高速公路防护林的廊道衔接,以此形成高效的生态廊道,提高绿地连接度。

在渗透度方面,建议考虑绿地斑块边界优化与增加绿地面积提高绿地的渗透度,针对景观破碎、生态渗透能力低的现有绿地,可采取保存核心区域、加强边缘保护、增加周边绿化的政策,提高核心斑块的生态渗透功能;针对绿量较少、布局分散、形状规则的现状,可利用现有水系局部扩宽,现有廊道边缘加宽的策略,从核心区域到缓冲区域再到影响区域,逐步实现景观延伸与功能渗透。

在密度方面,建议加强江都区南部及东部地区的道路附属绿地、滨水带状绿地等的建设,加强景观游憩建设,强调滨水景观带综合效益;根据区域的人口密集程度增设街头绿地、社区公园、居住附属绿地等,均衡绿地分布布局,满足市民对绿地的服务需求与便捷可达性。

（3）景观风貌分析

① 城市特色分析

•城市沿革　江都早在五六千年以前的新石器晚期就有人类从事各项农业生产活动。春秋时期属吴国。秦楚之际,项羽欲在广陵临江建都,始称江都。秦王政二十四年(前 223 年)秦灭楚,地属秦国的广陵县。西汉景帝前元四年(前 153 年)建江都县。三国时废,西晋复建,东晋初并入舆县,穆帝时复设。此后,县域历经多次演变。1937 年 12 月后,日军侵占江都县大部分地区,江都县国民政府流徙农村。共产党深入敌后,开辟抗日根据地,县境分属 3 种不同性质的政权。日伪统治时建伪江都县公署(前称伪江北自治会),至 1945 年 8 月日伪投降时止;国民政府统治的江都县,至 1949 年 1 月江都县国民政府崩溃止;1940 年 7 月,共产党在江都县东境建江都县抗日民主政府。在共产党领导下,江都县 3 次分县:1942 年 9 月,江都县分为江都、邗东两县;1943 年 4 月,江、邗两县合并,称江都县;1945 年 12 月,江都县分为江都、樊川两县;1946 年 4 月,江、樊两县合并,仍称江都县;1948 年 11 月,江都县再次分为江都、邗东两县;1949 年 1 月,江、邗两县合并,称江都县。新中国成立后,分出扬州城区和郊区建扬州市。1956 年 3 月,江都县析出西境,建邗江县。1994 年 7 月,撤江都县,建江都市。2011 年 11 月,撤销县级江都市,设立扬州市江都区。

•资源特色　包括自然资源、历史文化资源(名胜古迹、非物质文化遗产、历史名人)等。

自然资源:江都地处江淮交汇之处,南临长江,西濒京杭大运河,为"南水北调"东线源头。全市境内河网密布,河湖众多。有高水河、白塔河、芒稻河、新老通扬运河(图 3-152、153)、小夹江、金湾河(图 3-154)等

图 3-152　新通扬运河

图 3-153　老通扬运河

图 3-154　金湾河

多条河流。江都区南郊的江都水利枢纽工程,拥有东南亚最大的引排能力,是国家"南水北调"东线工程的源头,具有灌溉、排涝、排洪、发电、通航以及提供工业、生活用水和沿海垦区洗碱冲淤水源等功能,1982 年荣获国家优质工程金奖。另外,江都地处区域石油地质构造的苏北盆地高邮凹陷的南部,丰厚的樊川生油深凹处于江都的中心地带,是天然油气富集成藏的有利地区。

• 历史文化资源

a. 名胜古迹 2000 多年的发展历程,龙川大地积淀了深厚的历史文化底蕴。境内文化古迹众多,商周文化遗址纣臣墩、汉代的古墓群、晋代谢安手植的甘棠树、唐代遗构开元寺、真武庙……使人遥想起昔日的繁盛。

开元寺(图 3-155):位于扬州市江都区大桥镇,滨江人工湖公园北侧,始建于唐开元二年(714 年),1995 年重建。占地 10 余 hm²,建筑面积 1.5 hm²。该寺是苏中地区占地面积和规模最大的寺院。

许晓轩故居(图 3-156):许晓轩,江都人,著名烈士,1938 年加入中国共产党,是长篇小说《红岩》中许云峰、齐晓轩等人物形象的原型。故居位于扬州市江都区仙女镇,是前后三进四厢的民宅,青砖小瓦,古朴庄重。它是江都城区重要的旅游景点,也是爱国主义教育基地。

仙女庙:始建于宋代,庙址在江都镇区通扬河段北面,清代咸丰年间重建的庙宇最为宏伟,但到了晚清时,该庙仅留下文人墨客抒发黍离之感的诗文了。

图 3-155 远眺开元寺

图 3-156 许晓轩故居

另外在历史文化名镇方面，江都区就占了两个，分别是邵伯古镇和大桥镇：中国历史文化名镇邵伯古镇迄今已有 1600 多年的历史；省级历史文化名镇大桥镇是历史悠久的文化古镇，保存着独具特色的滨江水乡风貌，特别是自然环境与街区格局相互交融的独特格局。

b. 非物质文化遗产 江都历史悠久，文化遗存丰厚。其中既有保存较好的物质文化遗产，又有丰富多样的非物质文化遗产。江都是扬剧、扬州评话重要的发源地。邵伯锣鼓小牌子、金银细工制作技艺、扬州毛笔制作技艺已被列入国家级非物质文化遗产名录；邵伯秧号子、江都漆画、露筋娘娘传说、丁伙龙舞、吴桥社火被列入省级非遗名录；武坚莲湘花鼓、庄桥猪鬃工艺、丁伙花朝节、仙女庙的传说、陆（张）氏中医眼科术被列入扬州市级名录；区级名录 17 项，合计 30 项。非物质文化遗产项目代表性传承人共 67 人。江都区申报并列入国家级、省级的项目在扬州大市乃至全省县（市、区）中名列前茅。

c. 历史名人 钟灵毓秀的江都人文荟萃，近代以来涌现出"中国雷达之父"束星北，中科院学部委员陈桢，革命烈士江上青、许晓轩，著名扬州评话大师王少堂，画家刘力上、肖峰，国际佛光会世界总会会长星云大师等一批知名人士。

② 现状城市绿地景观风貌定位

依据江都区特有的自然地理特征，将现状江都城市绿地景观风貌定位为，形成"西倚龙川水脉、东临江淮绿廊"的城市绿色基调，形成"五河织龙川、四洲绣水都、一轴联两带、十园缀龙城"的绿地系统结构（图 3-157）。

•"西倚龙川水脉、东临江淮绿廊" 通过城市东西两侧绿色屏障的建设，形成江都区"西倚龙川水脉、东临江淮绿廊"的城市绿色主基调，为城市的生长和发展提供宜人的绿色氛围和有力的生态支撑。

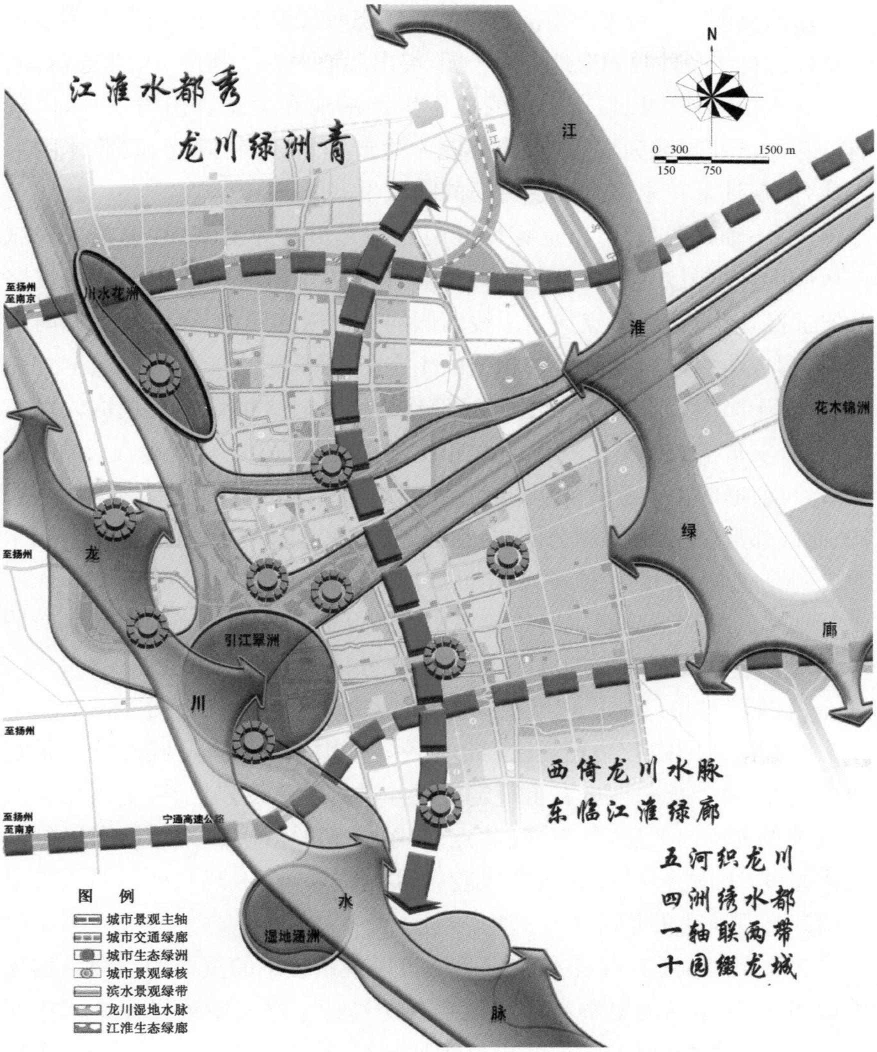

图3-157 江都绿地
景观结构图

• "五河织龙川" 以孕育江都独特龙文水脉的五条重要河流:金湾河、高水河、芒稻河、老通扬运河及新通扬运河为依托,深入挖掘龙川水文化的内涵和特质,通过滨河风光带的景观建设和文化营造,形成维系江都城市生态环境和文化精神的绿色脉络和骨架。

• "四洲绣水都",分为川水花洲、引江翠洲、湿地涵洲和花木锦州。

川水花洲——城市西部七闸桥以北郜仙河与高水河交汇地段,以规划的龙川公园为核心,结合周边成片的滨河风景林以及生态廊道带建设,形成以龙川水文化为主题特征的生态绿洲。

引江翠洲——位于高水河、金湾河、芒稻河、新通扬运河四河交汇的生态敏感区域,以规划的引江公园为核心,结合各类其他绿地,形成有机渗入城市,以江都水利文化和滨水景观为主题特征的生态绿楔。

湿地涵洲——城市西南部为芒稻河环绕所形成的天然绿洲,利用该区域良好的自然条件规划湿地郊野公园,突出湿地生态主题特征的生态绿洲。

花木锦洲——以城市东部的苗木生产基地和生态农田为依托,以现有的花木产业园区为核心,形成集花木生产销售、植物观光、农业休闲为一体,展现江都花木之乡主题特征的陆域生态绿洲。

• "一轴联两带" 以贯穿城区南北的龙川路为主轴线,也是展现城市风貌的主要景观廊道。同时,以穿越城市的东西向交通干线宁启铁路和宁通高速为纽带,重点加强干线两侧的交通绿廊建设,突出其生态防护功能,形成与纵向景观轴紧密相连的生态防护绿带。

• "十园缀龙城" 城市公园绿地作为面积较大的绿色斑块嵌入城市基质中,丰富了城市文化内涵,为城市提供了良好的生态环境和宜人的绿色景观,目前形成了以源头公园、星北湖公园、双通公园、龙川广场、人民生态园、北区郊野公园、春江湖公园、自在公园、文化艺术中心公园、仙女公园十处公园绿地为核心的绿地斑块,全面展现江都城市文化和景观风貌。

现状的绿地景观风貌定位较好的挖掘了江都的城市绿地特色,新的绿道规划应在此方向上进行深入研究,充分体现江都城市特色。

③ 现状城市绿地景观风貌结构

江都区范围内各类景观已经形成一个整体,除了满足城市特色景观要求之外,对于生态性也有了一定重视并进行了建设,对于历史文化以及区域景观定位的把控,江都区以"点""线""面"的城市绿地结构布局进行整体建设,下面将从"风貌核""风貌带"以及"风貌符号"三种不同层级来介绍江都现阶段的景观风貌结构。

• 城市风貌核 城市风貌核是城市风貌系统中的重要的空间结构风貌载体,城市生活的复杂性与多样性在这些特定空间中演绎出来。按照自然特征、人文特征可以把城市风貌核划分两类:生态绿化风貌核、历史人文风貌核。

a. 生态绿化风貌核 以位于中心城区的引江水利枢纽、自在公园、龙川广场公园为主要的生态绿化风貌核,提升城市生态面貌,为居民营造良好的生活环境。

引江水利枢纽:江都水利枢纽工程(图3-158)位于长江中下游北岸,江都老城区南端。江都水利枢纽工程的建设历时16年。引江闸雄伟壮丽。入门沿坦荡大道南行,头顶绿荫遮蔽,身旁碧水滔滔,不远便可见4座庞大的抽水机站,由西向东,呈"一"字形巍然矗立。伫立在站体之巅,凭栏远眺。南面万里长江波涛滚滚;北面高楼林立,纵横的大街车水马龙,一片繁华;东西两侧滔滔汩汩的通扬运河、芒稻河,如白色的莽带飘落在百里田畴。

图 3 - 158 引江水利
枢纽

图 3-159 龙川广场

龙川广场:龙川广场(图 3-159)坐落于江都城区中心西南角,是引江风景区的重要组成部分。这座全省一流的"城市客厅",总面积 10 hm²,在功能区域划分的基础上,整体与局部都体现了龙川文化的精髓,聚合"龙之魂""川之韵"的丰富内涵,融入现代化表现手法,展示了人与自然和谐统一,巧妙揭示了"龙""水""绿"的主题。绿色是广场的基调。广场绿化面积 7 hm²,凸现了"花木之乡"的特色。

自在公园:公园坐落在国家"南水北调"东线工程的源头,总面积 19 hm²,其中公园成片林地面积达 15 hm²,是江都的"城市绿肺"和"森林氧吧"(图 3-160)。公园于 2016 年 5 月开工,同年 9 月建成开放。公园以星云大师题写的"自在"为主题,秉持"生态优先,以人为本,合乎自然,乐享

图 3-160　自在公园

自在"理念，将生态与自然与休闲健身功能相结合，建成了足球场、篮球场等专业化球类健身场所和"森呼吸"健身步道等，使之成为"水木清华、万类相生"，百姓"养心育德、强身健体"，自在生活的乐园。

　　b. 历史文化核

　　仙女公园：1985 年建成，位于江都区老城区芒稻河东岸、七闸桥北埂，占地 15.7 亩，是国家 AA 级风景区（图 3-161）。整座园林以仙女庙文化为基础，构建仿古建筑群成园林景致，具有江南古典园林的独特风格。

图 3-161　仙女公园
入口

图 3-162　由大雄宝殿
望万佛塔

　　开元寺景区：开元寺（图 3-162）景区坐落于大桥镇，2013 年 12 月被
评为国家 AAA 级旅游景区。始建于唐开元年间，1994 年在原址上复建，
现占地 100 余亩，年接待人次已达 30 余万。开元寺风景区是以开元寺为
主体，拓展开发建设了星北湖、美食街、条石古街的区域性旅游景区。每
逢五月十八日庙会，开元寺香烟缭绕，礼佛敬香者络绎不绝，是江都宗教
旅游文化的一大景观。

　　扬州民歌民乐公园：民歌民乐公园（图 3-163）位于江都江广融合区
"桥头堡"——头道桥东岸线，是万福路景观轴的重要节点，是"水韵江都、
活力仙城"的重要展示窗口。公园总面积 6 hm²，其中滩涂湿地面积
2 hm²，绿地率 84%。按照扬州市委、市政府"动起来、文起来、游起来"的
公园建设理念，公园设计围绕"建设一座百姓生态乐园、亮出一张城市文

图 3-163　扬州民歌民
乐公园

化名片"的目标,以发源于江都的亚洲民歌、中国民歌、江苏民歌和非物质文化遗产——邵伯锣鼓小牌子等民歌民乐为表现素材,用园艺手法来展示"民歌民乐之乡"独有的文化魅力。力求建成一座集文化展示、体育运动和生态休闲三大功能叠加的特色主题公园。

- 城市风貌带

滨河绿廊:江都河道纵横交错,水网密集,包括新通扬运河、玉带河、芒稻河等重要水系。在城市绿地的建设过程中,滨河绿廊的建设也是重要一环,目前江都区内的滨水绿地建设形成了区内蓝绿辉映的生态锦带。下面将对新通扬运河、玉带河、三河六岸风光带的景观风貌现状进行分析评价(表 3-53～55)。

表 3-53　新通扬运河风光带评价表

景观性评价	运河两侧绿化建设结合自然地势、地貌,顺坡、顺水,采用近自然的水岸绿化模式;植物种类丰富,配置合理;生态景观特色突出;养护管理较好
文化性评价	能在一定程度上展现本地文化,但缺乏对运河文化的保护与传承

表 3-54　玉带河风光带评价表

景观性评价	植物种类较为丰富,但造景缺乏层次性和景观深度;植物景观郁闭度高,缺乏开敞、半开敞、封闭的景观变化;植物养护管理有待加强
文化性评价	以体育休闲为带状公园主题,践行人本理念。但场地文脉没有很好地被体现,历史底蕴还需要进一步发掘

表 3-55　三河六岸风光带评价表

景观性评价	绿化植被种类丰富、配置合理;植物空间层次丰富,立面形式多样;乔、灌、草合理配置,覆盖率高;局部地形略有起伏,景观特色突出;养护管理较好
文化性评价	人文景观较为丰富,设置浮雕、景墙等景观元素,融入江都历史文化,营造地域特色

道路景观:道路景观带以及景观林荫道也是城市风貌带建设中的关键环节,道路景观与人们日常生活息息相关。江都区目前以龙川北路景观带(图 3-164)、新都北路绿带(图 3-165)、龙城路绿带、文昌东路绿带(图 3-166)以及兴港路绿带(图 3-167)为主要道路景观风貌带。其中绿化植被品种丰富、配置合理;植物空间层次丰富,立面形式多样;乔、灌、草合理配置,覆盖率高;养护管理较好。其中龙川北路景观带结合体育游园布置,全长约 2 km,宽约 25 m,绿地总面积约 4 hm²,游园以休闲观光、健身娱乐功能为主,设有休闲观光广场、健身娱乐广场和观景园,且建有

图 3-164　龙川北路道路景观

图 3-165　新都北路道路景观

图 3-166　文昌东路道路景观

图 3-167　兴港路道路景观

2200 m 的健身步道。使生态园林和健身娱乐完美结合。可以说是集城市景观带和休闲人本公园于一体的较佳典范。

　　• 城市风貌符号。城市风貌符号是城市风貌系统中的小尺度的空间结构风貌载体，主要是指在城市风貌构成中反复出现，且同时是大中尺度城市风貌载体的构成部分。这些构件性的符号载体包含着一定的历史文化信息或是现代人文信息。风貌符号可以应用到建设构建、建筑装饰、道路设施、道路家具中，使城市风貌统一，个性鲜明。

　　就江都而言，以仙女庙文化为代表的地域文化颇具符号意义，仙女公园、仙女庙、开元寺等成为江都历史人文符号的载体，其建筑类型也具备地域风格，具有一定代表意义。除此之外，江都的大部分街道绿化率都相对较高，较多利用江都乡土树种以及扬州市树银杏，构成了城市绿化风貌符号的基本特色。而江都的街道家具比较大众化，没有体现出江都的文化符号意味。

④ 江都城市绿地景观风貌总结

• 江都园林绿地景观风貌总体特色

通过前文的总结分析，我们可得知江都园林景观的形成和发展受到自然生态和历史文化的深刻影响。江都是"南水北调"东线工程的源头和华东地区著名的水利枢纽、交通枢纽、电力枢纽。"滨江园林生态城"，是这座城市的定位；适宜人居，是这座城市不变的追求。江都有着丰富的文化资源，独具魅力，江都园林与山水相融，与文史相连，生态与文化交相辉映，整体风格隽秀清丽。

在公园景观要素中，从人本主义出发，配置丰富多样的活动设施、健身步道，打造较多体育主题的健身休闲公园；景观表达更多采用江南委婉雅致的手法，和缓起伏的地形及草坪、地被的建立，广场的空间布置，增加了环境容量；依托自然山水条件，积极挖掘城市棕地潜力，综合运用新技术、新材料、新艺术手段，创造出更多自然绚丽，雅俗共赏的新型园林绿地。现已初步显现"园在城中，城在园中，举目有青，交相辉映"的生态园林城市风貌，形成了宜人的人居环境。

植物景观上多运用乡土树种。受到地形地貌等立地条件和功能环境的影响，江都植物景观采取不同的配置方式，例如密林型、疏林型、复层型等，以多种方式构成丰富的园林空间。结合地形和乔、灌、草，形成虚实、疏密、高低、凹凸的空间轮廓线。水体景观方面主要为自然式驳岸，在滨水植物的配植当中，常在水岸边种植垂柳、水杉等植物；在大乔木之间植桃花、海棠等花木，呈现优美的水景。

• 江都园林绿地景观风貌面临挑战

滨水绿带缺乏足够的滨水开放空间，整个城市的绿地风貌尚未能有效地体现江都的滨水城市特色和"花木之乡"特色。

植物景观上覆盖面广、种类丰富，配置层次疏密有致。但是种类选择上未能有效体现江都历史文化，缺乏江都的地域风格，还需要深入发掘江都的代表性植物文化特色。风貌符号上，江都的街道家具比较大众化，没有体现出江都的文化符号意味。这就需要我们在规划中创造更多的风貌符号要素，融入风貌带、风貌核这些中尺度的结构中，通过系统性、条理化的风貌符号梳理来塑造江都的新符号、新风貌。

3.5.8.3 现状综述

（1）总体指标

江都区现状城市绿地发展良好，各类绿地指标水平较高，现状综合公园共 4 处，总面积约为 113.7 hm²；社区公园共 13 处，总面积约为 7.7 hm²；专类公园共 6 处，总面积约为 79.8 hm²；带状公园共 7 处，总面积约为 56.4 hm²；街旁绿地共 16 处，总面积约为 32.77 hm²；防护绿地共23 处，总面积约为 502.3 hm²（图 3-168）。2017 年底，江都区人均公园

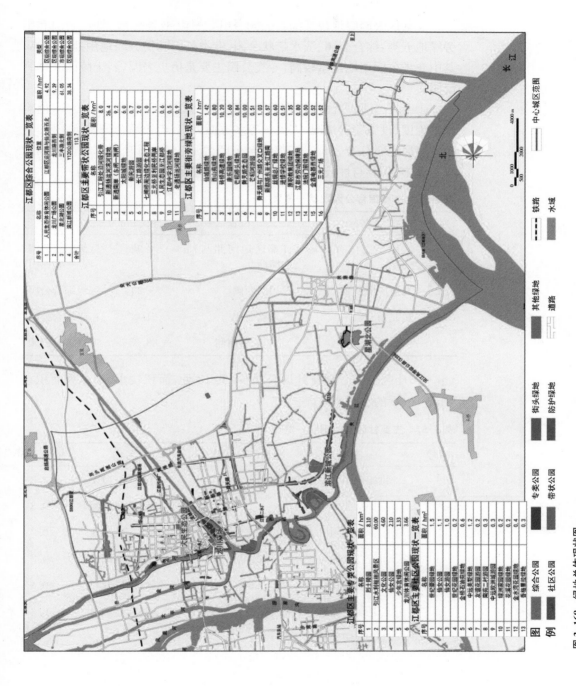

图 3-168　绿地总体现状图

绿地面积为 14.72 m^2。市区建成区绿化覆盖率达 45.38%,绿地率达 42.08%。

（2）公园绿地

江都区公园绿地包括综合公园、社区公园、专类公园、带状公园和街旁绿地五类,综合公园、滨水带状公园、专类公园和街旁绿地用地比重高,其中专类公园用地比重较高,专类公园主要是历史名园,烈士陵园和体育公园。

① 综合公园　江都现有综合公园共 4 座,综合考虑面积大小、内容丰富程度、设施完善情况、人流量等多方面因素,市级综合公园有 1 座,其余 3 座属区级综合公园。江都综合公园数量较少,同时现有综合公园内容不够丰富、参与性较差、主题不突出是普遍问题(表 3-56)。

表 3-56　主要综合公园现状一览表

序号	名称	位置	面积/ hm^2	类型
1	人民生态体育休闲公园	江都区运河路与仙女路西北	4.92	区级综合公园
2	龙川广场公园	龙川路西侧	9.39	区级综合公园
3	星北湖公园	三丰路北侧	61.05	市级综合公园
4	滨江新城公园	Y120 公路南侧	38.34	区级综合公园

② 社区公园　现有社区公园少,共 13 处,面积较小,基本为面积在 2 hm^2 以下的小区游园(表 3-57)。

表 3-57　主要社区公园现状一览表

序号	名称	面积/ hm^2	序号	名称	面积/ hm^2
1	世纪豪园绿地	1.5	8	南苑二村游园	0.3
2	仙女公园	1.1	9	中远欧洲城游园	0.3
3	仙女游园	1.0	10	绿洲家园绿地	0.2
4	世纪花园绿地	0.2	11	花溪花园绿地	0.2
5	金桥石油苑绿地	0.6	12	金水湾花园绿地	0.4
6	中远美墅绿地	1.2	13	香格里拉绿地	0.3
7	友谊花园游园	0.2			

③ 带状公园　江都区内水绿相伴,有水就有绿,现有带状公园较多,但连通性一般,未交织成网。相较于综合公园,社区公园和带状公园对于普通市民使用更为便捷,居民对其使用频率更高,其覆盖程度对于普通市民日常生活影响较大。现有带状公园共 11 处(表 3-58)。

表 3-58　主要带状公园现状一览表

序号	名称	面积/ hm²
1	引江工程处沿河绿化带	8.0
2	新通扬运河滨河绿地	26.4
3	新通扬运河南岸(东闸—西闸)	9.2
4	太阳城绿地	6.0
5	新民游园	0.7
6	长江路游园	2.0
7	七闸桥周边绿化生态工程	1.0
8	三元桥至利民桥两岸	1.1
9	人民生态园至江都桥	0.6
10	江都中学沿河绿地	0.5
11	老通扬运河绿地	0.9

④ 专类公园　江都现有专类公园共 6 处,以历史名园、烈士陵园和体育公园为主,缺乏儿童乐园、动物园、植物园等专类公园(表 3-59)。

表 3-59　主要专类公园现状一览表

序号	名称	面积/ hm²
1	烈士陵园	8.10
2	引江水利枢纽风景区	60.00
3	文化公园	4.60
4	仙女公园	2.10
5	少年宫绿地	1.33
6	龙川体育休闲公园	3.66

⑤ 街旁绿地　城区内街旁绿地提升了城市景观,以观赏性景观为主。现状街旁绿地共 16 处(表 3-60)。

表 3-60　主要街旁绿地现状一览表

序号	名称	面积/ hm²
1	仙城路绿地	1.42
2	西山苑绿地	0.80
3	砖桥高速绿地	10.20
4	康乐园绿地	1.60
5	芒稻桥头绿地	0.84
6	舜天路生态园	10.00
7	芒稻河游园	0.51
8	舜天路与广州路交叉口绿地	1.03
9	新都路东至长江路南	0.57
10	丝绸总厂绿地	0.60
11	进修学校绿地	0.51
12	原职教集团绿地	1.35
13	江都区劳动保障局	0.80
14	法院门前绿地	0.50
15	金鑫电器西绿地	0.52
16	三元广场	1.52

（3）防护绿地

现有防护绿地共 23 处，总面积 502.25 hm²。防护绿地建设基础较好，特别是城市主干道、城郊河流和各干渠有较大面积的防护林，树木的长势较好，林带有一定的宽度。

（4）城区自然开敞空间

城区内未形成网络状生态格局，城区内线型的绿地空间主要是滨河绿地和高速公路、铁路防护绿地。滨河绿地宽度变化较大，且连续性较差，没有形成廊道。高速防护绿地连续性好，但物种多样性较差，严格意义上不能称为生态廊道。南北向楔形绿地控制较好，但过宁启铁路向西，廊道走向和宽度并未确定。

（5）现状问题

江都区现有绿地总体发展良好，但在城市绿地风貌特色的体现上还不够突出。主要表现为江淮生态大走廊特色不够突出，水乡城市形象有待加强；江都历史和民俗特色的体现有待加强；江都"花木之乡"特色在绿地建设中体现不够突出。故新绿道规划应深入挖掘江都的生态、历史民俗、花木特色。从绿地的风貌定位、结构布局以及到具体的城市各类绿地风貌发展等方面，切实突显强化江都的城市特色。

3.5.8.4　区域大环境规划

（1）区域大环境——九纵十横

规划依托江都域内纵横交错的道路、水系及长江夹江岸线,充分利用现状资源,立足整体构架,塑造约 600 km"九纵十横"的江都生态绿廊网格,初步形成"一带两廊、多点一网"的生态大格局(图 3-169)。

"九纵":滨水文化休闲长廊(淮河入江通道)、滨水林果产业带(三阳河)、水乡风情线(野田河—红旗河)、引江河—卤汀河生态长廊、G233(新淮江公路)、连淮扬镇铁路(防护林)、京沪高速公路(防护林)、花木复合产业带(丁伙—大桥)、休闲观光农业走廊(安大路)。

"十横":新通滨河生态氧吧(新通扬运河)、盐邵河生态长廊、乡村旅游长廊(S352)、乡村旅游长廊(S353)、启扬高速(防护林)、宁启铁路(防护林)、老 G328(生态休闲绿廊)、新 G328(防护林)、沪陕高速(防护林)、G356—G336(滨江休闲绿廊)。

（2）生态圈

生态圈内形成"四纵五横"的江都生态绿廊网格(图 3-170):

"四纵":滨水文化休闲长廊(淮河入江通道)、G233(新淮江公路)、京沪高速公路(防护林)、花木复合产业带(永大线)。

"五横":新通滨河生态氧吧(新通扬运河)、启扬高速(防护林)、宁启铁路(防护林)、新 G328(防护林)、沪陕高速(防护林)。

（3）生态环-绿楔

在邵伯湖方向,新通扬运河东西方向,城市区域过渡带东西方向与沿江地区方向设置楔形绿地,形成外部生态绿化环带,穿插渗入城市内部,构建起城市内外联通的生态网络格局(图 3-171)。

通过绿楔形成生态环,依托交通干线进行绿色廊道建设。如此可有效保证江都城市生态系统的稳定性,形成更加良好的外围防护、隔离功能,有效地控制城市建设用地拓展无序蔓延,保证生态绿地的数量和面积,对于整体生态系统的物质、能量循环具备重要意义。实现从弱生态到强生态的转变。

3.5.8.5　中心城区规划

（1）绿地总体风貌

依据江都区特有的自然地理特征,现已形成"西倚龙川水脉、东临江淮绿廊"的城市绿色基调。在已有的文化定位基础上,通过挖掘江都文化资源,提出"水韵古风秀江都,乐享宜居生态城"的景观总体风貌定位。以江淮生态大走廊为背景突显其生态特色、以龙川大地为底色、江河为神笔、文化为印章,打造集历史风韵、江淮水都、乐活空间、宜居生态于一体的特色江都绿地风貌(图 3-172)。

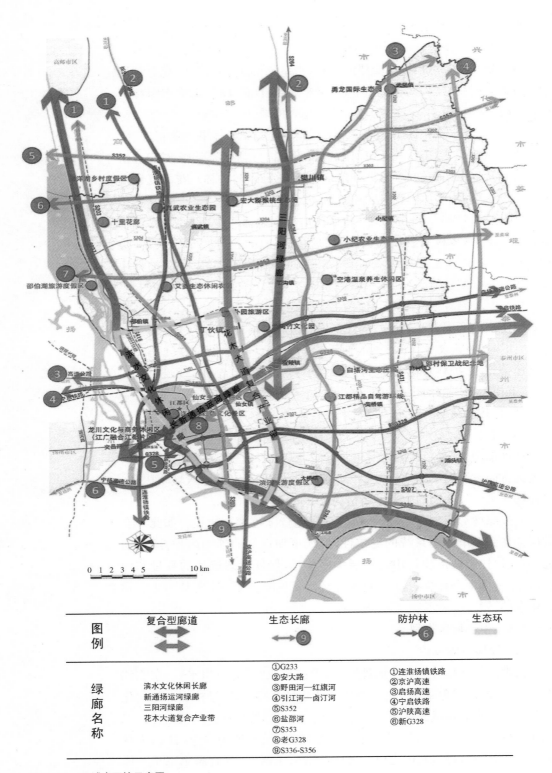

图 3-169   区域大环境示意图

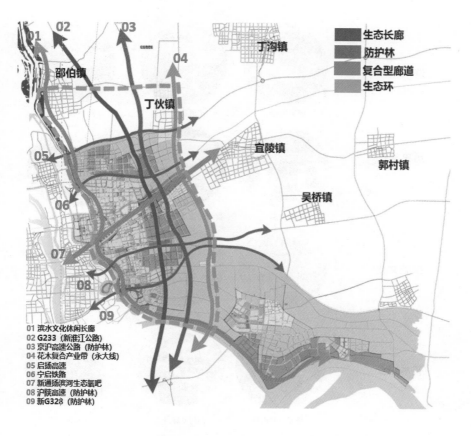

01 滨水文化休闲长廊
02 G233（新淮江公路）
03 京沪高速公路（防护林）
04 花木复合产业带（永大线）
05 启扬高速
06 宁启铁路
07 新通扬滨河生态氧吧
08 沪陕高速（防护林）
09 新G328（防护林）

图例
生态长廊
防护林
复合型廊道
生态环

图 3-170　生态圈示意图

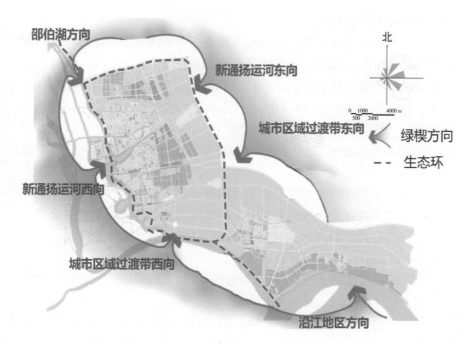

图 3-171　绿楔示意图

图 3-172　江都区绿地
风貌

滨水特色

新通扬运河　　老通扬运河　　江都水利枢纽

历史文化

仙女庙　　邵伯文化(邵伯锣鼓小牌子)　　"三月三"庙会

宗教文化

墩头寺　　古大圣寺　　开元寺

花木之乡

阿波罗交易市场　　扬派盆景　　江都花卉节

（2）绿地总体布局

以江都区的自然人文资源和现有绿化条件为基础,在遵循有效利用区域资源、发挥地方特色、展现地区个性的原则下,结合江都区的城市形态格局及城市建设发展方向,通过滨河绿化、公园绿化、交通干线（公路、铁路、河流）绿化、农田林网绿化,与深入城区的楔形绿地相联系,形成"一核、一轴、一脉、一带、五廊、九园、六楔"的绿地布局结构（图 3-173）。旨在强化城市生态绿洲、滨水景观绿带、交通景观绿廊、城市特色公园的建设。其中:

"一核"是指江都区内的大型水利枢纽——江都水利枢纽。

"一轴"是指将贯穿城区南北的龙川路作为城市的景观主轴线。

"一脉"是指芒稻河、夹江、长江形成的江淮生态大走廊脉络。

"一带"是指花木大道复合产业带。

"五廊"是指依托老通扬运河、新通扬运河、宁启铁路、宁通高速、文昌东路建立的生态、文化、景观复合廊道。

"九园"是指源头公园、星北湖公园、双通公园、龙川广场、人民生态园、北区郊野公园、春江湖公园、自在公园、文化艺术中心公园。

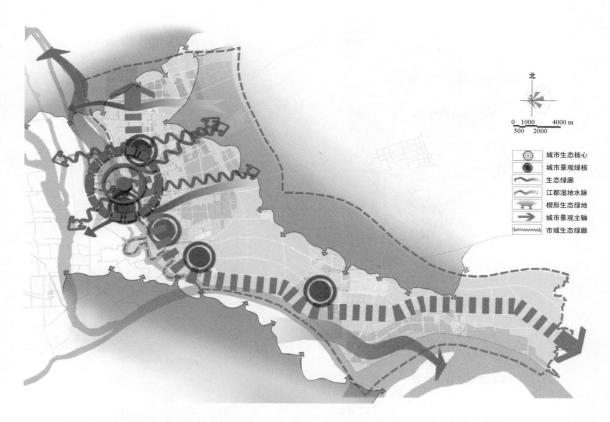

北

0 1000   4000 m
  500   2000

◎ 城市生态核心
● 城市景观绿核
〜 生态绿廊
〜 江都湿地水脉
▱ 楔形生态绿地
➤ 城市景观主轴
〰〰 市域生态绿廊

"六楔"是指北洲沿江地区方向，新通扬运河东西方向，城市区域过渡带东西方向和邵伯湖方向外部生态绿化环带穿插渗入城市内部的楔形生态绿地区域。

① 一轴——龙川路景观轴 规划以龙川路作为中心城区的景观绿轴，串联城区五个大型的综合与专类公园，提升江都绿地景观的整体性，初步形成"一轴串五园"的规划结构（图3-174）。"五园"分别为：

人民生态园：区级综合公园，以观光休闲健身理念为核，并融入廉政文化，教育意义突出。

自在公园：新通扬运河一侧，以休闲健身为主题的综合公园，植物配置与小品特色突出。

龙川河公园：规划中的区级综合公园，与周围滨河带状绿地结合良好。

春江湖体育休闲公园：体育休闲专类公园，水体条件良好，自然景致突出。

星北湖公园：南部大桥镇区级综合公园，毗邻开元寺，以文化观光与生态休闲为主题。

② 一脉——江淮生态大走廊（图3-175） "一脉"，为芒稻河、夹江、

图 3 - 173   绿 地 总 体
布局图

图 3-174 龙川路景观轴结构图

图 3-175 江淮生态大走廊结构图

长江形成的河流脉络,以此水脉作为城市的主要脉络,规划使其成为江都绿色生态网络的重要纽带,重点突出龙川水都水生态、水文化资源优势和魅力。一脉串多园,将沿江公园连成一个有机生态体。沿江公园主要包括仙女公园、三河六岸公园、北区郊野公园等。

北区郊野公园:北区西北角立交一侧,给市郊居民享受郊游乐趣,减少人工构筑物数量,融入生态概念。

仙女公园:整座园林以仙女庙文化为基础,具有江南古典园林的独特风格。

仙女游园:仙女镇风格独特的街旁绿地,人性化设计突出。

三河六岸:利用七河八岛得天独厚的水域环境而打造的沿江风景线,整体形象定位为"江淮绿岸、龙川玉带"。

江都城市湿地公园:利用良好湿地水土条件打造城市湿地公园,兼顾湿地生态修复与市民观光休闲的需要。

兴港路东侧专类公园:毗邻三江营水源保护区,打造以自然观光与休闲娱乐为主题的专类公园,服务周边居民。

红旗河景观带:沿红旗河两侧建设带状公园,入江口处做生态景观处理。

③ 五廊——东西向复合型廊道 "五廊"为依托老通扬运河、新通扬运河、宁启铁路、老宁通公路、文昌东路建立的东西向复合型生态廊道(图3-176)。

老通扬运河、新通扬运河具备重要生态景观、人文价值,以其串联沿线众多的生态绿地资源和文化旅游资源,对城市风貌进行较好的展现,形成具有生态防护、休闲旅游、观光游憩等多重功能的景观绿廊。

文昌东路景观廊道,承载着体现城市风貌、改善城市环境以及重要的生态联通作用。

在宁启铁路、宁通高速的一定辐射范围内建立护路林带、农田林网、林果基地、花卉基地、绿化景点等,形成两条具有一定规模且生态效应良好的绿色生态防护走廊,有效保障城市的通风和生态联通性。

北区郊野公园:北区西北角立交一侧,给市郊居民享受郊游乐趣,减少人工构筑物数量,融入生态概念。

垃圾场郊野公园:原垃圾场改造为生态观光性质的郊野公园,体现"变废为绿"的理念。

老通扬运河公园:规划新添市级综合公园,被新老通扬运河相抱,水景条件突出,建议融入江都水利文化,提升文化教育意义。

自在公园:新通扬运河一侧,以休闲健身为主题的综合公园,植物配置与小品特色突出。

图 3-176　五廊结构图

三河六岸：利用七河八岛得天独厚的水域环境而打造的沿江风景线，整体形象定位为"江淮绿岸、龙川玉带"。

张纲河公园：规划中的区级综合公园，因毗邻长生庵，建议融入宗教文化宣传的元素。

（3）规划概况

规划范围：城市规划区范围包括现状江都市区（江都镇域、原张纲镇域和砖桥镇域）、双沟镇域及沿江开发区的近期规划控制区（东至江都区行政规划界线，南至长江，西至夹江，北至规划建设中的沿江高等级公路），总面积为 160 km²（图 3-177）。

现有人口：44 万；

目标人口：71 万；

规划年限：2018 年至 2035 年。

（4）指标综述

现状指标：2017 年底，江都区人均公园绿地面积为 14.72 m²。市区建成区绿化覆盖率达 45.38%，绿地率达 42.08%。

规划指标：按 2035 年建成区目标人口 71 万计算，人均公园绿地面积为 20.26 m²。市区建成区绿化覆盖率达 45.68%，绿地率达 42.63%。

规划指标与现状指标相比较,至 2035 年:人均公园绿地面积增长 **图3-177　规划概况图**
5.54 m²。市区建成区绿化覆盖率增长 0.3％,绿地率增长 0.55％。

分区指标(图 3-178):

中区、东部工业区:分配人口 22.0 万,人均公园绿地面积 19.4 m²;

北区、北部工业区:分配人口 22.52 万,人均公园绿地面积 21.1 m²;

南区:分配人口 9.16 万,人均公园绿地面积 30.9 m²;

南部工业区:分配人口 14.34 万,人均公园绿地面积 27.1 m²;

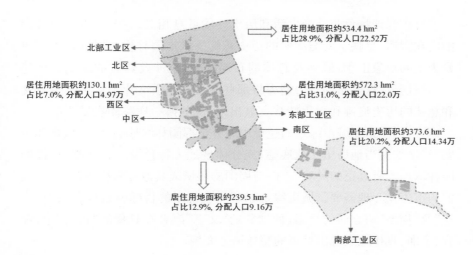

图3-178　分区指标图

西区：分配人口 4.97 万，人均公园绿地面积 18.2 m²。

3.5.8.6　实施管理

（1）逐步落实、严格执行绿线规划

本规划一经审批，城市绿线内所有绿地、植被、绿化设施等，任何单位和个人不得擅自移植、砍伐、侵占和损坏，不得改变其绿化用地性质。在下阶段控制性详细规划编制工作中，需要参照本规划的控规单元指标配置标准，对于绿地配置未达到标准的控规单元，需逐步调整到位。

（2）严格执行城市绿线调整程序

城市绿线划定后，任何单位和个人不得擅自调整；有下列情形之一的，可由规划局会同相关部分组织论证后按相关程序调整：① 因城市总体规划修编对绿地布局进行调整的；② 因市政基础设施、公共设施建设需要调整的；③ 其他确需调整的情形。城市绿线调整应当遵循绿地总量平衡的原则。

（3）建立健全城市绿线管理机制

城市相关部门要按照市政府职责分工负责城市绿线实施监管工作，对城市绿线的实施和控制情况定期进行监督检查，对近期不进行绿化建设的规划绿地范围予以严格控制，对不符合规划要求的建筑物限期迁出。

（4）建立城市绿线信息系统

为提高城市园林绿化管理技术水平，市园林绿化主管部门应建立城市绿线管理信息平台，配备管理人员，负责绿线动态管理。

（5）实行绿线划定公示制度

经市政府批准的城市绿线规划要向社会公布，接受群众监督。

3.6　总　结

城市绿地特色与社会生活和历史环境息息相关，它蕴含着人及社会的内在素质，反映了人类文明的历史积淀。城市园林作为以绿地景观建设为主的形象工程，既涉及总体的布局，同时也涉及具体的绿地景观建设，并且要在这些布局与造型中将那些淹没在当下文化浪潮中富有意义和意味的历史痕迹和文化精神突显出来，像脉搏一样跳动在城市的每一个地方，也就是在城市绿地的建设中充分把握园林绿地的性质、风格和主题，尽量挖掘当地历史文化底蕴，充分体现地方特色及历史文脉，这样的园林绿地才有真正的灵魂，才能与周围的环境或其他方面相融合，符合人们的审美及心理需要。城市绿地景观风貌规划的目标就是糅合城市"文态"及"物态"两方面的要素，使抽象的"文态"融合在具象的"物态"中，综合、全面、直接地展现出城市的整体风采面貌。

城市绿地景观风貌规划在城市化迅速发展的当今显得尤为重要。城市因大规模的旧城改造、新区开发等绿地建设的迅速展开,盲目追求新建绿地的现代风格,追求潮流并相互模仿,破坏了城市景观的整体协调性,丧失了自身特色与个性;或是城市本身文化资源深厚,但绿地景观风貌的塑造却过于碎片化,难以形成整体的城市印象和城市氛围,这样的绿地景观风貌则有待整合、提升。

在长期的实践过程中,我们有幸完成了扬州市城市绿地特色风貌整合塑造,从中探寻塑造有地方特色的城市绿地景观的思路与方法,以期对整合城市绿地特色风貌、解决城市问题提供一定的方法借鉴。

1) 发掘城市现有绿地风貌特色

古代的扬州,优越的地理位置和经济的繁荣发展,加上南北文化、南北匠师在这里交流汇合,使扬州园林形成了兼具南方之秀和北方之雄的特质,内涵丰富多彩,形成自身鲜明的个性。扬州市的城市绿地特色简要概括为:古、绿、水、文、秀五个方面。扬州的老城区基本保持了古朴的风貌。自古就有"绿杨城郭是扬州"的佳话,除了绿地数量相对较多之外,蜀冈—瘦西湖景区直接楔入城市中心,形成了自己的特色,护城河保存了大量乡土树种,形成了独特的城市景观。扬州域内河网纵横,西有登月湖,东临大运河,北倚瘦西湖、邵伯湖,南面长江,"水城共生"是扬州独特的城市形态。扬州文化底蕴深厚,才士辈出,人文荟萃,文化气息浓厚,是一座历史文化名城。扬州地处南北之间,园林自成一派,与山水相融,空间层次收放变换自由,风格典雅秀丽,清秀中见雄健。

2) 规划整合现有绿地景观风貌

扬州的文化底蕴丰厚,现状绿地的景观风貌特色突出,但为使其更好地彰显城市文化特色,应对其进行有效的组织整合,形成系统,通过整合城市资源,使城市绿地成为城市记忆的载体,延续城市文脉,实现城市可持续发展。我们尝试从市域、规划区、中心城区三个层面进行城市绿地景观风貌规划,形成合理的绿地结构及优良的生态环境,因地制宜,统筹安排,合理规划,创造"水绿相依,园林古今辉映、城林交融、绿地兼具南秀北雄"的生态园林城市,营造最佳人居环境,充分体现扬州市绿地系统的特色,形成具有扬州地方特色的城市园林绿地系统。

(1) 市域层面的城市绿地景观风貌规划 市域层面的城市绿地景观风貌规划,以江河湖的沟通为联结,以陆地湖泊、森林公园、风景区为点缀,以乡土风情、淮扬文化、宗教文化等为亮点,形成点、线、面相结合的市域绿地网络体系。南北向依托京杭大运河河网水系和京沪高速公路,形成自然历史要素发展动力轴。东西向依托宁通交通走廊、沿江高级公路、宁启铁路过境交通及其体系所串联的城镇群体,形成人文和经济要素的发展动力轴。加强两轴汇聚核心—扬州古城、瘦西湖景区、古运河、老城区等扬州传统自然景观和人文景观的保护，形成沿长江—京杭大运河丁字口，链珠式的城市发展格局。绿地规划结合扬州不同的自然地貌，对城市绿地景观特色进行塑造。

（2）规划区层面的城市绿地景观风貌规划　扬州的京杭大运河是其城市特色的重要体现，市内的古运河、瘦西湖等河道承载着重要的历史文化、独特的自然景观资源，较好地体现了城市特色，故为突显此特色，规划以这些城市现有的资源条件为基础，以城市建成区规划发展的方向为依据，形成"一脉、两环、四楔、四廊、多带、点线成网"的绿色景观视廊结构，连通各文化区域节点，丰富现有文化体系，打造规划区域绿色文化景观脉络，形成较为合理的结构，均衡城市文化布局，发展历史文化资源。

（3）中心城区层面的城市绿地景观风貌规划　突出城市水景特色，强化城市绿地景观特征，通过绿地建设展现中心城区丰富的水系及丰厚的文化遗产。以不同形式展示扬州水系风情，充分体现水上扬州的特色。划分特色景观区保护现存历史遗迹，保护景区历史人文环境和视野环境，形成富有层次和个性、古朴自然特色景观区。建设特色景观带，整合水系、道路沿线自然、人文景观资源，突显扬州古城特色，将自然风光、历史遗迹与现代城市特色有机融合。建设特色景观点，保护现存历史名园，建设遗址公园尊重自然和文脉；建设街旁绿地，将街旁绿地作为城市历史文化内涵的重要载体与历史遗迹保护、文化的传承紧密结合。

（4）树种规划　根据扬州市的植被特点及城市绿化现状，选择女贞、银杏、垂柳、广玉兰等 10 种树木为基调树种。根据扬州自然条件、传统文化、城市发展定位及地带植被的不同特点，选择香樟、桂花、枫杨等植物作为园林绿化骨干树种。将体现扬州特色、蕴含扬州城市文化的植物作为市树市花，选择银杏、垂柳为市树，琼花、芍药为市花。

3）保护、传承绿地风貌相关非物质形态文化遗产

主要从传统地名、传统文化、扬派盆景三个方面对非物质形态文化遗产进行保护。将绿地、景点的命名与民俗文化相结合，使其成为"文化扬州"的具体标识；以景观设计的手法、以园林小品的形式把代表扬州传统文化的物质、非物质形态的地方文化生活艺术化地再现到城市绿地空间，把物质形态的绿地景观设计与地方文化遗产保护紧密结合，创造富有地方特色的城市绿地，传承扬州典型的地方文化生活，凸显扬州城市特色；通过科学规划充分体现扬州盆景的历史、文化、科学和经济价值，加强宣传教育，提高全社会保护扬州盆景的群体意识，扶持盆景产业的发展，开展盆景快速成型和盆景风格流派的研究。

参考文献

[1] 夏征农. 辞海[M]. 上海:上海辞书出版社,1999.

[2] 同济大学,重庆建筑工程学院,武汉城建学院. 城市园林绿地规划[M]. 北京:中国建筑工业出版社,1982.

[3] 高原荣重. 城市绿地规划[M]. 杨增志,阎德藩,纪昭民,等译. 北京:中国建筑工业出版社,1983.

[4] 俞孔坚. 景观:文化、生态与感知[M]. 北京:科学出版社,1998.

[5] 王祥荣. 生态与环境——城市可持续发展与生态环境调控新论[M]. 南京:东南大学出版社,2000.

[6] 刘康,李团胜. 生态规划——理论、方法与应用[M]. 北京:化学工业出版社,2004.

[7] 吴良镛. 人居环境科学导论[M]. 北京:中国建筑工业出版社,2001.

[8] 张鸿雁. 城市形象与城市文化资本论——中外城市形象比较的社会学研究[M]. 南京:东南大学出版社,2002.

[9] 徐千里. 创造与评价的人文尺度[M]. 北京:中国建筑工业出版社,2000.

[10] 俞孔坚. 城市景观之路——与市长们交流[M]. 北京:中国建筑工业出版社,2003.

[11] 梁思成. 梁思成文集(三)[M]. 北京:中国建筑工业出版社,1985.

[12] 伊利尔·沙里宁. 城市:它的发展衰败与未来[M]. 顾启源,译. 北京:中国建筑工业出版社,1986.

[13] 徐思淑,周文化. 城市设计导论[M]. 北京:中国建筑工业出版社,1991.

[14] 成砚著. 读城——艺术经验与城市空间[M]. 北京:中国建筑工业出版社,2004.

[15] 李道增. 环境行为学概论[M]. 北京:清华大学出版社,1999.

[16] 徐磊青,杨公侠. 环境心理学[M]. 上海:同济大学出版社,2002.

[17] 吴祖慈. 艺术形态学[M]. 上海:上海交通大学出版社,2003.

[18] 周岚. 城市空间美学[M]. 南京:东南大学出版社,2001.

[19] 沈玉麟. 外国城市建设史[M]. 北京:中国建筑工业出版社,1989.

[20] 王浩. 城市生态园林与绿地系统规划[M]. 北京:中国林业出版社,2003.

[21] 朱喜钢. 城市空间集中与分散论[M]. 北京:中国建筑工业出版社,2002.

[22] 李敏. 城市绿地系统与人居环境规划[M]. 北京:中国建筑工业出版社,1999.

[23] 李敏. 现代城市绿地系统[M]. 北京:中国建筑工业出版社,1999.

[24] 凯文·林奇. 城市形态[M]. 林庆怡,陈朝晖,邓华,译. 北京:华夏出版社,2001.

[25] 凯文·林奇. 城市意象[M]. 方益萍,何晓军,译. 北京:华夏出版社 2001.

[26] I. L. 麦克哈格. 设计结合自然[M]. 芮经纬,译. 北京:中国建筑工业出版

社,1992.

[27] 王浩.生态园林城市与绿地系统规划[M].北京:中国林业出版社,2003.

[28] 郑强,卢圣.城市园林绿地规划[M].北京:气象出版社,2000.

[29] 吴良镛.城市绿地系统与人居环境规划[M].北京:中国建筑工业出版社,1999.

[30] 贾建中.城市绿地规划设计[M].北京:中国林业出版社,2001.

[31] 江苏省科学技术协会.江苏资源与环境[M].南京:江苏教育出版社,1989.

[32] 王欣,沈建军.建设有活力的绿色空间网络——浅谈21世纪城市绿地系统[J].
     浙江林业科技,2001(9):11-13.

[33] 赵复才.大环境系统绿化战略规划及其实施对策[J].长江建设,1999(3):
     22-24.

[34] 熊国平.论绿色文明与绿色空间[J].江苏林业科技,1998(9):25-27.

[35] 李敏.论城市绿地系统规划理论与方法的与时俱进[J].中国园林,2002(5):
     36-38.

[36] 吴人韦.国外城市绿地的发展历程[J].城市规划,1998(6):17-19.

[37] 李景奇.我国城市园林绿地建设的契机与误区[J].城市发展研究,1999(3):
     10-13.

[38] 刘滨谊.城市生态绿化系统规划初探——上海浦东新区环境绿地系统规划[J].
     城市规划汇刊,1991(6):20-26.

[39] 车生泉.城市绿色廊道研究[J].城市规划,2001(11):13-15.

[40] 刘滨谊,余畅.美国绿道网络的发展与启示[J].中国园林,2001(6):21-24.

[41] 张庆费,乔平.伦敦绿地发展特征分析[J].中国园林,2003(10):12-14.

[42] 刘滨谊,姜允芳.论中国城市绿地系统规划的误区与对策[J].城市规划,2002
     (2):30-34.

[43] 毛学农.试论中国现代园林理论的构建——大园林理论的思考[J].中国园林,
     2002(6):16-18.

[44] 吴人韦.塑造城市风貌——城市绿地系统规划专题研究之二[J].中国园林,
     1998(6):16-20.

[45] 陈向远.现代化城市需要建设城市大园林[J].中国园林,2001(5):21-24.

[46] 张庆费.城市绿色网络及其构建框架[J].城市规划汇刊,2002(1):13-16.

[47] 胡长龙,俞慧珍,刘建浩,等.江苏省城市绿地系统布局模式的研究[J].江苏林
     业科技,1998(9):29-33.

[48] 童本勤,魏羽力.发扬城市地方优势·塑造城市空间特色——以南京城市空间
     特色塑造为例[J].City Profile,2004(2):22-27.

[49] 徐雁南,王浩.城市绿地系统规划发展潮流初探[J].规划设计,2003(10):
     16-21.

[50] 薛庆仁,夏泽民.扬州市志(上、中、下册)[M].上海:中国大百科全书出版
     社,1997.

[51] 胡长龙.江苏省城市绿地系统布局模式的研究[J].江苏林业科技,1998(25):
     22-25.

［52］ 王浩,汪辉,李崇富,等.城市绿地景观体系规划初探［J］.南京林业大学学报(人文社会科学版),2003(3):23-27.

［53］ 于立凡,郑晓华.保存城市的历史记忆——以南京颐和路公馆区历史风貌保护规划为例［J］.City Profile,2004,28(2):32-37.

［54］ 徐雁南,易军.城市绿地景观人文化探讨［J］.南京林业大学学报(人文社会科学版),2003(12):13-18.

［55］ 秦国樑.城市园林绿化与城市历史文化传承［J］.现代城市研究,2004(5):24-27.

［56］ 沈益人.城市特色与城市意象［J］.城市问题,2004(3):25-28.

［57］ 段进.城市空间特色的认知规律与调研分析［J］.现代城市研究,2002(1):17-19.

［58］ 侯正华."城市特色"的三个基本特征［J］.建筑,2004(2):32-35.

［59］ 田银生,陶伟.场所精神的失落——10～20世纪西方城市空间的一点讨论［J］.新建筑,1999(4):34-37.

［60］ 扬州市城市管理委员会.扬州历史文化风貌［M］.上海:同济大学出版社,1991.

［61］ 曹永森.扬州特色文化［M］.苏州:苏州大学出版社,2006.

［62］ 谷康,江婷,苏同向.城市绿地系统的地方特色初探——以扬州市为例［J］.中国园林,2005(12):36-40.

［63］ 谷康.整合资源,突出特色——扬州旅游发展定位初探［J］.生态经济,2005(10):315-318.

［64］ 谷康,王志楠,李淑娟,等.城市绿地系统景观资源评价与分析——以乌海市城市绿地系统为例［J］.中国园林,2010(2):177-181.

［65］ 王晓易.刀鱼,古人的"春馔妙物"［N］.羊城晚报,2012-03-28.

内 容 提 要

本书立足于相关理论研究和具体实践成果,系统全面地研究挖掘扬州城市绿地特色。首先梳理相关基础知识及理论,总结国内外绿地特色规划研究的进展,从城市绿地特色的特征、绿地空间构成、绿地空间特色认知等方面对城市绿地特色进行详细的解读,总结我国城市面临的城市绿地特色问题。然后在此背景和基础上,从自然条件、城市历史沿革、人文概况、绿地特色等方面对扬州城市特色进行了详尽的归纳和阐述,以扬州市城市绿地系统景观规划为例,从市域、规划区、主城区三个层次探讨扬州城市绿地特色的具体实践,为相关研究提供理论基础和思路参考。

本书适合风景园林专业高校师生及从事风景园林规划设计的工作人员参考或阅读。

图书在版编目(CIP)数据

扬州城市绿地景观特色风貌资源整合 / 谷康等编著.
—南京:东南大学出版社,2018.12
  ISBN 978-7-5641-8174-1

  Ⅰ.①扬⋯ Ⅱ.①谷⋯ Ⅲ.①城市绿地-景观设计-
研究-扬州 Ⅳ.①TU985.2

中国版本图书馆 CIP 数据核字(2018)第 279868 号

扬州城市绿地景观特色风貌资源整合
YANGZHOU CHENGSHI LVDI JINGGUAN TESE FENGMAO ZIYUAN ZHENGHE

编 著:谷康 苏同向 丁彦芬 潘翔 朱春艳 贾文倩 等
出版发行:东南大学出版社
社   址:南京市四牌楼 2 号   邮编:210096
出 版 人:江建中
责任编辑:宋华莉 姜 来
网   址:http://www.seupress.com
电子邮箱:press@seupress.com
经   销:全国各地新华书店
印   刷:徐州绪权印刷有限公司
开   本:787 mm×1 092 mm 1/16
印   张:14
字   数:315 千字
版   次:2018 年 12 月第 1 版
印   次:2018 年 12 月第 1 次印刷
书   号:ISBN 978-7-5641-8174-1
定   价:118.00 元